중학생을 위한 스토리텔링 수학 2학년

중학생을 위한 스토리텔링 수학 2학년

계영희 지음

살림Friends

차례

제3장 연립일차방정식

제4장 일차부등식

제5장 일차함수

제6장 확률

제7장 도형의 성질

제8장 도형의 닮음

제1장

유리수와 근삿값

1. 분수를 유리수라고 하는 이유

여러분은 초등학교 때부터 분수 $\frac{1}{2}$은 소수 0.5로, $\frac{1}{3}$은 0.333… 으로 쓰면서 수로 인식해 왔어요. 그러나 중학교 수학 교과서에서는 $\frac{n}{m}$(m, n은 정수, $m \neq 0$)을 유리수라고 해요. 임의의 정수 m도 $\frac{m}{1}$이므로 유리수이지요.

한자로 유리수는 有理數라고 쓰는데 '리理가 있는 수'라는 뜻이에요. 그러면 분수의 어디에 '리'가 있는 것일까요? 일찍이 서양에서는 분수가 비ratio를 나타내는 것으로 생각하고 rational number를 **유리수**라고 했어요.

가령 얼굴이 잘생겼다는 것은 눈, 코, 입의 크기가 얼굴에 비해 적당한 비로 되어 있을 때를 말해요. 아무리 잘난 코도 얼굴에 비해 크기가 너무 크거나 작으면 잘생긴 것이 아니지요. 또 음악의 경우, 음 사이의 높고 낮음이 일정한 비로 되어야 아름답다고 느껴진답니다. 조화는 곧 비이며 비를 '리'라고 본 것이에요.

한편 동양에서 분수는 일정한 양의 물건을 몇 사람에게 골고루 나누어 주기 위한 것으로만 생각했기 때문에 분수라는 말을 썼어요. 그리스인들이 비율을 중요시했을 때 동양에서는 공평하게 분배하는 데 관심이 있었답니다. 그래서 분수와 유리수라는 두 가지 이름이 생겨난 거예요.

2. 분수와 소수(1학년 내용 복습)

(1) 분수가 뭐더라?

분수는 3÷5를 $\frac{3}{5}$으로 나타낼 수 있는 나눗셈이며, 또 비례의 값을 의미하기도 해요. 그런데 분수 $\frac{3}{5}$은 0.6이란 소수로 간단히 쓸 수 있지만, 2÷3=0.666666…으로 한없이 계속되는 무한소수이지요. 0.666666…은 똑같은 숫자 6이 계속 반복되므로 **순환소수**라고 부르는데, 분수로는 $\frac{2}{3}$이므로 순환소수는 유리수라고 할 수 있어요.

그럼 순환하지 않는 소수도 있을까요? 바로 원주율이 순환하지 않는 대표적인 수랍니다. 원주율 파이(π)는 3.14159…로 한없이 계속되는 수이지요. 이처럼 순환하지 않는 수는 **무리수**라고 부른답니다.

(2) 소수가 뭐더라?

소수는 0보다 크고 1보다 작은 수를 말해요. 그럼 0과 1사이에는 소수가 몇 개나 있을까요? 1을 10등분하면 0보다 크고 1보다 작은 소수는 9개가 있어요. 그런데 0과 0.1을 또 10등분한 후에 확대경으로 보면 그림처럼 0.01부터 0.09까지 9개가 생겨요. 이런 생각을 계속 해 나가면 어떻게 될까요? 물론 눈으로 보기에는 힘들겠지만 소수는 얼마든지 많이 있을 거예요.

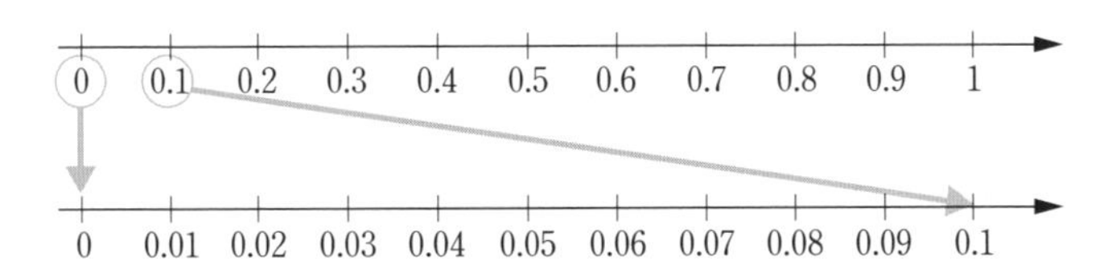

이제 2학년이 됐으니 우리도 유리수를 조금 더 심도 있게 공부해 볼까요? 먼저 같은 숫자가 반복되는 순환소수와 반복되지 않는 비순환소수를 공부해 보기로 해요.

3. 유리수와 순환소수

민수네 학교에서는 2학년 학생 120명을 대상으로 스포츠 동아리 활동을 조사했어요. 그 결과 축구부 48명, 에어로빅부 40명, 농구부 42명, 배드민턴부 30명, 탁구부 20명이 활동하고 있었어요. 이 분포를 분수로 나타낸 결과는 다음 표와 같아요.

스포츠 동아리	축구	에어로빅	농구	배드민턴	탁구
활동 학생의 비율 (분수)	$\frac{2}{5}$	$\frac{1}{3}$	$\frac{7}{20}$	$\frac{1}{4}$	$\frac{1}{6}$
활동 학생의 비율 (소수)	0.4	0.3333···	0.35	0.25	0.1666···

그런데 분수로 분포를 내었더니 전체 120명에 대하여 동아리별로 활동하는 학생의 비율이 얼마나 되는지 감이 잘 잡히지 않았어요. 그래서 퍼센트(%)를 알아보기 위해 분수를 소수로 고쳤지요.

그랬더니 소수점이 딱 떨어지는 것과 떨어지지 않고 계속 반복되는 것으로 나뉘었어요.

앞의 표처럼 분수를 소수로 고치는 방법은 나눗셈이에요.

$\frac{2}{5}=2\div5=0.4$

$\frac{1}{3}=1\div3=0.3333\cdots$

$\frac{7}{20}=7\div20=0.35$

$\frac{1}{4}=1\div4=0.25$

$\frac{1}{6}=1\div6=0.1666\cdots$

이때 0.4는 소수점 아래 0이 아닌 수가 1개이고, 0.35는 2개예요. 이처럼 소수점 아래 0이 아닌 숫자가 유한개인 소수를 **유한소수**라고 불러요. 반면에 0.3333…, 0.1666…과 같이 소수점 아래 0이 아닌 숫자가 무한히 많은 소수를 **무한소수**라고 말한답니다.

약속

무한소수 중에서 똑같은 숫자가 반복될 때는 순환소수이고, 그렇지 않을 때는 비순환소수라고 한다.

$\frac{1}{4}=1\div4=0.25$이므로 유한소수

$\therefore$ 유리수

$\frac{1}{3}=1\div3=0.3333\cdots$이므로 무한소수이자 순환소수

$\therefore$ 유리수

원주율(π)$=3.14159\cdots$이므로 무한소수이자 비순환소수

$\therefore$ 무리수

$\frac{a}{b}=a\div b$이므로 유리수 $\frac{a}{b}$는 정수 또는 소수로 나타낼 수 있어요. (단 a, b는 정수이고, $b\neq 0$)

예를 들어, 유한소수 0.7, 0.49, 0.259를 분수로 표현하면 어떤 독특한 성질이 발견되는지 알아봐요. 우선 분모를 10의 거듭제곱인 분수로 나타내어 봐요.

그러면 $0.7=\frac{7}{10}$, $0.49=\frac{49}{100}$, $0.259=\frac{259}{1000}$가 되어요. 분모 10, 100, 1000을 각각 소인수분해하면 $10=2\times 5$, $10^2=2^2\times 5^2$, $10^3=2^3\times 5^3$이므로 인수는 2와 5뿐임을 알 수 있어요.

이번에는 분수를 소수로 표현해 볼까요? 가령 기약분수 $\frac{3}{5}$과 $\frac{11}{20}$을 소수로 바꾸려면 먼저 떠오르는 생각은? 맞아요. 나눗셈을 하는 거예요. 하지만 번거롭게 나눗셈을 하지 않고도 먼저 분모를 10의 거듭제곱으로 만들면 쉽게 소수로 바꿀 수 있어요.

$\frac{3}{5}=\frac{3\times 2}{5\times 2}=\frac{6}{10}=0.6$으로 말이지요.

또 $\frac{11}{20}=\frac{11\times 5}{20\times 5}=\frac{55}{100}=0.55$가 돼요. 여기서 한 가지 꼭 기억해야 할 것은? 바로 기약분수의 분모가 2와 5로만 소인수분해되면, 분모를 10의 거듭제곱으로 고칠 수 있다는 거예요. 따라서 이러한 분수는 역시 유한소수가 된답니다.

분수를 소수로 나타내었을 때 $\frac{7}{9}=0.777\cdots$, $\frac{4}{11}=0.3636\cdots$처럼 소수점 아래 일정한 숫자의 배열이 끝없이 되풀이되는 순환소수에서 계속 반복되는 일정한 숫자의 배열을 **순환마디**라고 불러요.

위의 순환소수 $0.777\cdots$, $0.3636\cdots$의 순환마디는 각각 7과 36이에요. 경제적이고 합리적인 수학의 나라에서는 한없이 이어지는 소수를 몇 자리까지 늘어놓아야 좋을까요? 고민할 필요 없이 순환마디의 양끝 숫자 위에 점을 찍기만 하면 된답니다. 즉 $0.\dot{7}$, $0.\dot{3}\dot{6}$처럼 간단히 나타낼 수 있어요.

4. 신기한 수

수 $\frac{1}{7}$을 소수로 나타내어 봐요.

$\frac{1}{7}$을 나눗셈으로 계산하면 옆의 식처럼 소수점 아래 각 자리에서 나머지가 3, 2, 6, 4, 5, 1이 순서대로 나타나요. 나머지가 1인 경우부터 일정한 숫자의 배열이 한없이 되풀이되고, 순환마디는 아래와 같아요.

$$\frac{1}{7}=0.142857142857\cdots=0.\dot{1}4285\dot{7}$$

몫이 되풀이된다.

```
   0.1 4 2 8 5 7 1
7) 1 0
     7
     3 0
     2 8
       2 0
       1 4
         6 0
         5 6
           4 0
           3 5
             5 0
             4 9
               1 0
                 7
                 3
```

나머지가 같다.

수학에서는 간단한 것이 곧 아름다운 것이랍니다.

더 알아보기 **$\frac{1}{7}$의 순환마디인 142857을 신기한 수라고 생각하는 사람들이 많은데 왜 그럴까요?**

$142857\times1=142857$	$142+857=999$
$142857\times2=285714$	$285+714=999$
$142857\times3=428571$	$428+571=999$
$142857\times4=571428$	$571+428=999$
$142857\times5=714285$	$714+285=999$
$142857\times6=857142$	$857+142=999$

순환마디 142857에 1에서 6까지의 수를 각각 곱한 결과를 살펴보면 위의 표처럼 1, 4, 2, 8, 5, 7이라는 숫자 6개가 자리만 바뀌었을 뿐 그대로 반복된다는 특징을 알 수 있어요.

그럼 곱셈 결과를 3자리씩 나누어서 더해 보면 어떻게 될까요?

3자리씩 나누어 더한 결과는 모두 999가 되었어요. 정말 신기하지요? 또 맨 위 칸의 142, 857은 맨 아래 칸의 857, 142와 X 모양으로 대칭을 이루고, 두 번째 줄의 285, 714는 밑의 두 번째 줄의 714, 285와 X 모양 대칭을 이루고 있어요. 세 번째 줄과 네 번째 줄 역시 마찬가지로 아름답게 대칭을 이루고 있지요. 질서정연한 수의 세계가 정말 신기하고 아름답지 않나요?

5. 순환소수를 분수로

순환소수를 간단하게 분수로 변신시킬 수 있는 이유를 설명해 봐요. $0.\dot{2}$를 분수로 나타내려고 할 때

$0.\dot{2}$를 x라고 하면 $x=0.2222\cdots\cdots$ ①

①의 양변에 10을 곱하면

$10x=2.2222$ ②

이때 ①과 ②의 무한히 반복되는 소수 부분이 같으므로 ②에서 ①을 뺄 수 있어요.

$$\begin{array}{r} 10x=2.2222\cdots \\ -)\quad x=0.2222\cdots \\ \hline 9x=2 \end{array}$$

$$\therefore x=\frac{2}{9}$$

즉 $0.\dot{2}=\frac{2}{9}$임을 알 수 있어요.

여기서 중요한 점은 순환소수는 유리수이므로 분수로 표시할 수 있다는 사실이랍니다!

이번에는 분수와 측정을 연관해 생각해 봐요. 측정에는 반드시 오차가 생기기 마련이랍니다.

물건의 개수를 낱낱이 셈하기 위해 자연수가 발명된 것처럼, 분수는 길이, 넓이, 부피, 들이 등을 측정하기 위해 생겨났어요.

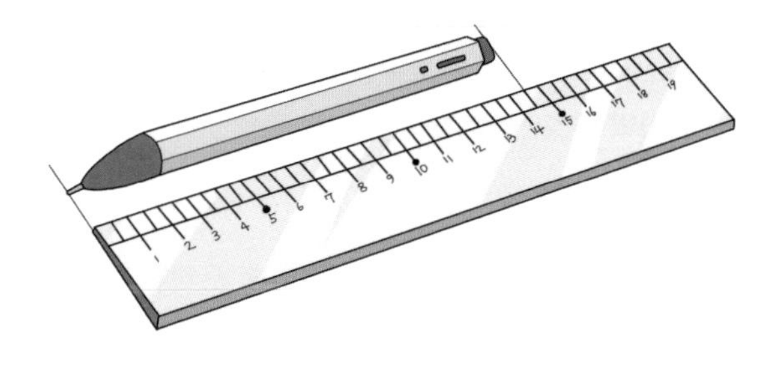

가령 볼펜의 길이가 14.5cm라면 자연수만으로는 잴 수가 없어요. 즉 자연수로 딱 떨어지지 않는 수를 표시할 때 분수를 사용하게 되지요. 그래서 분수에는 **'자투리의 수'**라는 의미도 있어요. 또한 사람들이 무언가를 측정할 때는 오차가 생길 수 있어요. 우리는 분수를 공부하면서 오차에 관해서도 배울 수 있답니다.

더 알아보기 **소수도 딱 떨어지지 않는 수예요. 그럼 소수도 분수일까요?**

맞아요. 실제로 모든 소수는 분수로 나타낼 수 있고 분수 또한 소수로 표시할 수 있지요. 하지만 소수의 발견은 분수보다 훨씬 뒤에 상업이 발달하면서 이자 계산을 하기 위해 생겨났답니다.

6. 근삿값과 오차

3월 14일은 화이트데이로 잘 알려져 있지만, 수학을 좋아하는 사람들은 **파이데이**로 알고 있어요. 파이데이를 기념하기 위해서 어떤 사람들은 초코파이 먹기 시합을 하기도 하고, 원주율 π의 소수점 아래를 누가 많이 외우나 시합하기도 해요. 그런데 왜 3월 14일을 파이데이로 정하였을까요?

생각 열기 **파이데이의 비밀**

원주율이 사실은 무한소수 3.14159…라는 것 기억하죠? 하지만 원주율이 필요할 때마다 이 수들을 모두 사용할 수 없기 때문에 우리는 간단히 3.14로 사용하기로 약속했지요. 그래서 3월 14일이 파이데이인 거예요.

이때 파이의 실제 값 3.14159…를 **참값**, 간략하게 사용하는 3.14를 **근삿값**이라고 하지요. 또 우리의 몸무게나 신장처럼 저울, 자 등으로 측정하여 얻은 값을 **측정값**이라고 말해요. 측정값은 측정하는 사람에 따라 약간씩 차이가 나지만, 참값에 가까운 근삿값이지요.

예를 들어, 공중목욕탕에서 몸무게를 잴 때와 집에 있는 저울로 재는 경우에 몸무게가 차이날 수 있어요. 키를 잴 때도 기둥에 서서 줄자로 재는 경우와 기구를 이용하는 경우가 다르게 나타나고는 하지요. 이렇게 근삿값과 참값의 차이를 근삿값의 오차라고 합니다.

약속

(오차)=(근삿값)−(참값)

오차는 양수도 되고 음수도 될 수 있지만 오차의 절댓값이 작을수록 그 근삿값은 참값에 가까워요. 만약 지구의 둘레를 계산할 때는 최소한 소수점 아래 열 번째 자리 정도까지를 나타내어야 실제 지구 둘레와의 오차를 1인치 이하로 줄일 수 있다고 해요.

혜민이는 집에서 동생과 함께 벽에 선 다음 줄자로 키를 재었어요. 줄자의 단위는 cm가 아니라 inch인치였어요. 그 결과 동생 유민이의 키는 64inch로 측정되었어요. 학교에서 신체검사를 할 때 단위길이가 1cm인 자로 측정했을 때는 163cm가 나왔지요. 유민이의 실제 키는 어느 범위에 있을까요?

정확한 참값을 콕 찍어서 말할 수 없기 때문에, 측정값으로 참값을 추정할 수밖에 없어요. 이때 추정하는 참값의 범위를 **오차의 한계**라고 하지요.

이번 문제에서는 mm의 자리에서 반올림하여 얻은 근삿값이 163cm예요. 따라서 유민이의 키는 162.5cm 이상이거나 163.5cm 미만인 수를 반올림하여 얻었다고 추정할 수 있어요. 즉 참값의 범위는 162.5cm$\leq$(참값)$<$163.5cm가 된답니다.

위 참값의 범위를 보고, 오른쪽 큰 값에서 왼쪽 작은 값을 빼었더니 $163.5-162.5=1$cm를 얻었어요.

우와! 이 답은 측정값의 단위길이인 1cm와 꼭 일치하지요? 보통 오차의 한계는 최소 단위의 $\frac{1}{2}$로 정하므로 이 경우에는 0.5cm가 된답니다.

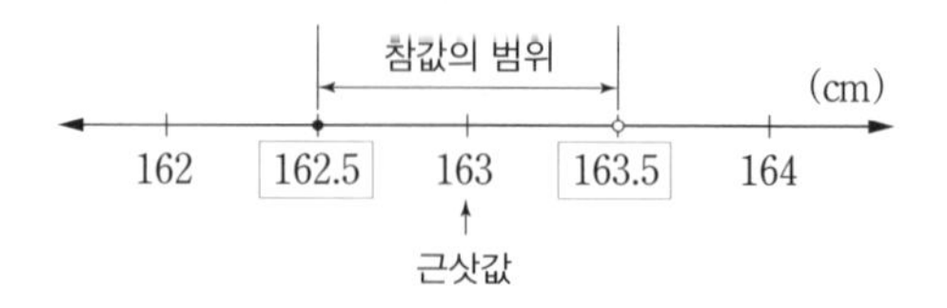

약속

1. 측정하여 얻은 근삿값의 오차의 한계 : 측정 시 최소 눈금 단위의 $\frac{1}{2}$
2. 반올림하여 얻은 근삿값의 오차의 한계 : 근삿값을 반올림한 바로 윗자리 자릿값의 $\frac{1}{2}$

7. 근삿값과 유효숫자

지은이와 은혜가 커다란 수박 한 통의 무게를 각각 측정하였어요. 두 사람 모두 약 4500g이라고 말하였어요. 사실 지은이는 눈금 4512g을 십의 자리에서 반올림하여 4500g이라고 말했고, 은혜는 눈금 4504g을 일의 자리에서 반올림하여 4500g이라고 말한 거였지요.

두 사람의 측정값은 같지만 반올림한 자릿수가 다르므로 유효숫자는 다르다고 할 수 있어요. 즉 지은이의 근삿값에서 유효숫자는 4와 5이고, 은혜의 근삿값에서 유효숫자는 4, 5, 0이 되는 것이지요.

약속

근삿값을 나타내는 숫자 중에서 반올림하지 않은 부분의 숫자 또는 측정하여 얻은 믿을 수 있는 숫자를 유효숫자라고 한다.

지은이와 은혜의 근삿값을 유효숫자가 한눈에 보이도록 표현하는 방법은 없을까요?

근삿값의 유효숫자가 분명하면 어느 자리에서 반올림한 값인지를 금세 알 수 있어요. 지은이가 측정한 근삿값의 유효숫자는 4와 5이므로 4500g을 표시할 때 4.5×10^3으로 표시하면 돼요. 은혜의 근삿값은 유효숫자가 4, 5, 0이므로 4.50×10^3으로 표시하지요. 즉 10의 거듭제곱을 이용하면 편리하답니다.

약속

근삿값은 $a\times10^n$ 또는 $a\times\frac{1}{10^n}$로 나타낸다.
(단, $1\le a<10$, n은 양의 정수)

예를 들어 소수 첫째자리에서 반올림하여 측정한 백두산의 높이는 2744m예요. 이 근삿값을 유효숫자와 10의 거듭제곱을 사용하여 나타내 볼까요? 먼저 소수 첫째자리에서 반올림하였으므로 유효숫자는 2, 7, 4, 4예요. 즉 백두산의 높이는 2.744×10^3으로 나타낼 수 있답니다.

8. 분수의 역사적 배경 – 필요는 발명의 어머니

일반적으로 분수란 $\frac{n}{m}$(m, n은 정수, $m\neq0$)과 같은 모양이에요. 그런데 유독 이집트인은 분자가 모두 1인 특수한 분수, 즉 단위분수만을 사용했어요. 단 예외적으로 $\frac{2}{3}$는 사용했지요.

이집트인들은 $\frac{3}{4}$을 표시할 때는 보통 $\frac{1}{4}$을 3개 더하여 표시했어요. 기원전 17세기경 수학자 아메스는 $\frac{3}{4}$을 $\frac{1}{2}+\frac{1}{4}$로 표시했고요. 모든 분수를 단위분수의 합으로 나타낸 것이었지요. 지금 우리가 생각하면 무척 번거롭고 불편하지만, 당시 이집트 수학자의 가장 중요한 업무는 일정한 땅의 넓이나 식량을 여러 사람에게 공평하게 분배하는 일이었기 때문에 어쩔 수 없었어요. 또한 이집트에서는 아주 오랫동안 사용되었기 때문에 한순간에 쉽게 고쳐지지 않았답니다.

예를 들어 $\frac{4}{3}$와 같이 분자가 분모보다 큰 가분수가 있다고 해봐요. 본래 분수는 자투리수를 나타내기 위한 것이므로 분자가 분모보다 큰 가분수는 분수가 아닌 것으로 생각했어요. 영어로 가분

수는 improper fraction으로 '**적당하지 않은 분수**'라는 뜻이에요. 본래의 자투리수가 아니라는 말이지요.

오늘날과 같이 분수가 수의 중심으로 인정받은 것은 지금으로부터 불과 300년 전의 일이랍니다. 분수가 $n : m$과 같이 비례를 나타낸다는 사실이 알려진 후의 일이었어요.

이처럼 분수는 자투리 양을 나타내는 것으로부터 시작하여 점차 비례를 나타내는 **상대분수(비례분수)**로 범위가 넓어졌어요. 이 과정을 정리해 보면 다음과 같아요.

(1) 발명은 필요에서 나온다.

(2) 일단 만들어진 것은 쉽게 고쳐지지 않는다.

(3) 오랫동안 사용하는 데 불편했던 것은 더 넓은 의미를 가지게 되면 비로소 수정된다.

9. 분수의 두 가지 의미

두 아이가 분수 이야기를 나누고 있어요. 어떤 내용인지 한번 살펴볼까요?

민서 : $\frac{1}{2}+\frac{1}{3}$의 정답은?

윤아 : 그야 물론 통분해서 $\frac{3}{6}+\frac{2}{6}=\frac{5}{6}$이지.

민서 : 친구야, 내 말 좀 들어 봐. 예를 들어서 왼쪽 책상에 사탕 1개와 쿠키 1개가 있다면 사탕은 전체의 얼마일까?

윤아 : 그야 물론 사탕이 1개이므로 전체의 $\frac{1}{2}$이지.

민서 : 좋아! 그럼 오른쪽 책상에 사탕이 1개, 쿠키가 2개 있다면 사탕은 전체의 얼마지?

윤아 : 전체가 3개이므로 사탕은 $\frac{1}{3}$이지.

민서 : 책상 2개를 모두 합하면 사탕은 전체의 얼마야?

윤아 : 전체는 $2+3=5$, 사탕은 양쪽에 하나씩 2개이므로 전체의 $\frac{2}{5}$야.

민서 : 맞아! 그래서 $\frac{1}{2}+\frac{1}{3}=\frac{2}{5}$가 된다니까! 통분하지 않아도 분모는 분모끼리, 분자는 분자끼리 더하면 아주 간단해!

윤아 : 이상하네. 초등학교 때 분명히 통분해서 $\frac{3}{6}+\frac{2}{6}=\frac{5}{6}$라고 배웠잖아!

민서 : 에헴! 분수에는 바로 두 가지 의미가 있거든. 너는 양분수와 상대분수(비례분수)를 혼동하고 있는 거야.

양분수란 처음 기준이 되는 양이 정해져 있는 경우를 말해요. 가령 1m의 $\frac{1}{2}$은 기준양이 1m이고, $1\text{m}\times\frac{1}{2}=50\text{cm}$이지요. 그런데 비례분수는 기준이 되는 양이 조건에 따라 달라져요. 즉 특정한 것과 전체의 비가 얼마인지를 묻는 것이랍니다. 같은 $\frac{1}{2}$일지라도 2개의 $\frac{1}{2}$은 1이고 4개의 $\frac{1}{2}$은 2가 되지요. 위 문제에서 사탕 1개, 쿠키 1개일 때의 사탕은 전체 2의 $\frac{1}{2}$이지만, 같은 사탕 1개라도 쿠키가 2개라면 사탕 1개를 분수로 표시해서 $\frac{1}{3}$이 되는 거예요.

분수에는 양분수와 상대분수가 있으므로 문장제 문제에서는 무

것을 구하는 문제인지를 정확하게 이해해야 한답니다.

약속

분수의 종류

분수에는 양분수와 상대분수(비례분수)가 있다.

개념다지기 문제 1 정수는 부산에 있는 할머니 댁에 가려고 서울에서 KTX를 탔어요. 좌석에 앉았더니 앞좌석의 등받이에 아래와 같은 문구가 적혀 있었어요. 철도의 CO_2 발생량과 에너지 소비량을 나타내는 다음의 분수 중에서 유한소수로 나타낼 수 있는 것을 골라 보세요.

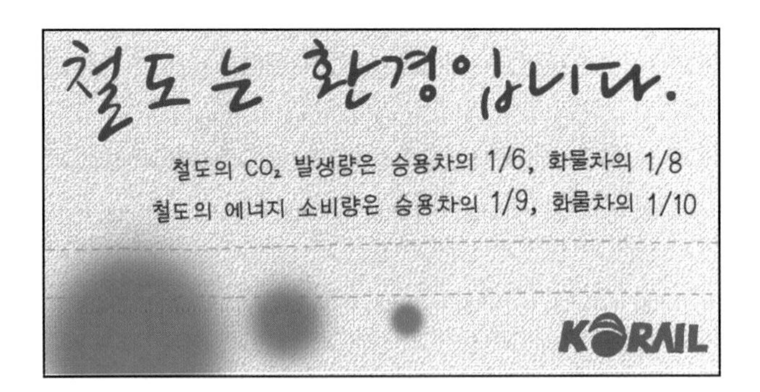

풀이

$\frac{1}{6}=\frac{1}{2\times3}$은 분모의 소인수 중에 3이 있으므로 유한소수로 나타낼 수 없어요.

$\frac{1}{8}=\frac{1}{2^3}$은 분모의 소인수가 2뿐이므로 유한소수로 나타낼 수 있어요.

$\frac{1}{9}=\frac{1}{3^2}$은 분모의 소인수가 3뿐이므로 유한소수로 나타낼 수 없어요.

$\frac{1}{10}=\frac{1}{2\times5}$은 분모의 소인수가 2와 5뿐이므로 유한소수로 나타낼 수 있어요. 따라서 유한소수로 나타낼 수 있는 분수는 $\frac{1}{8}$과 $\frac{1}{10}$입니다.

개념다지기 문제 2 **다음 근삿값의 오차를 구하여 봅시다.**

(1) 여수엑스포의 입장객 수는 24096명이었는데 반올림하여 24100명으로 보고하였어요.

(2) 마트에 가서 산 식료품값으로 50250원을 지불했는데 어머니께는 약 50000원을 지불했다고 말했어요.

풀이

(1) 오차는 근삿값에서 참값을 뺀 값이므로

$$24100-24096=4(\text{명})$$

(2) 근삿값이 50000원이고 참값이 50250원이므로

$$50000-50250=-250(\text{원})$$

개념다지기 문제 3 **다음 근삿값의 유효숫자를 생각해 봅시다.**

(1) 텔레비전으로 2012년 런던올림픽 개막식을 본 시청자의 수는 백의 자리에서 반올림하면 약 2580000명이었어요.

(2) 최소 눈금 단위가 1km/h인 속도계로 잰 자동차의 속도가 110km/h입니다.

풀이

(1) 백의 자리에서 반올림한 측정값이므로 유효숫자는 반올림하지 않은 천 자리부터이므로 2, 5, 8, 0입니다.

(2) 최소 눈금 단위가 1km이므로 유효숫자는 1, 1, 0입니다.

개념다지기 문제 4 **진드기의 크기가 $2.0\times\frac{1}{10}$mm일 때, 이 근삿값에서 반올림한 자리와 오차의 한계를 구하여 봅시다.**

풀이

근삿값이 $2.0\times\frac{1}{10}=0.2$(mm)이고, 유효숫자가 2, 0이므로 반올림한 자리는 소수점 아래 둘째 자리이고, 오차의 한계는 $0.1\times\frac{1}{2}=0.05$(mm)가 됩니다.

제2장
식의 계산

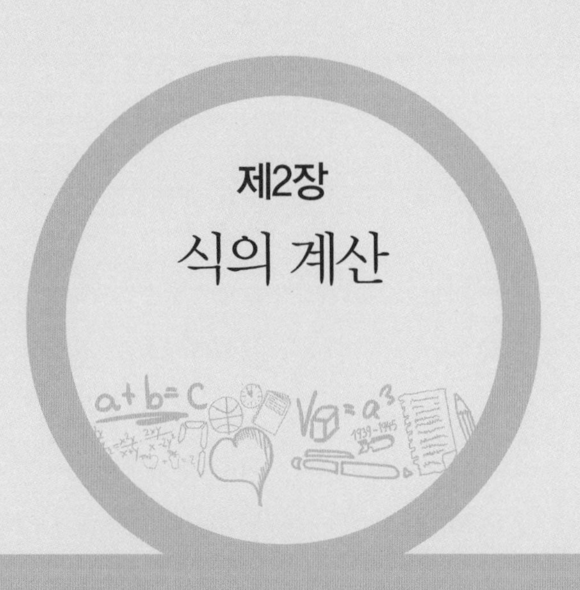

1. 거듭제곱과 지수 다시 보기
2. 문자 사용이 편리한 이유
3. 단항식과 지수 법칙
4. 단항식의 곱셈과 나눗셈
5. 다항식이란 무엇일까?
6. 다항식의 계산
7. 곱셈 공식
8. 등식의 변형
9. 문자를 사용하는 이유

1. 거듭제곱과 지수 다시 보기

중국집 짜장면의 면발은 거듭제곱의 원리에 따라 늘어나요. **거듭제곱**이란 2를 2번 곱할 때는 $2 \times 2 = 2^2$, 2를 3번 곱할 때는 $2 \times 2 \times 2 = 2^3$으로 똑같은 수를 계속하여 곱하는 것을 말해요. 이때 2를 거듭제곱의 **밑**, 2를 곱한 횟수인 2와 3을 **지수**라고 부르지요.

지수는 수의 편리한 표시법인 동시에 악마 같은 수라고도 불려요. 왜냐하면 지수는 갑자기 폭발적으로 증가하는 수인데, 계산기도 없던 옛날에 계산을 가볍게 여기다 혼쭐이 난다 해서 그렇게 불렸지요.(『중학생을 위한 스토리텔링 수학 1』을 참고하세요.)

지수는 지구에서 태양까지의 거리처럼 우리의 상식을 뛰어넘는 엄청난 큰 수를 표시할 때 편리해요. 또한 보통 언어로 표현하

기 어려운 아주 작은 양을 표시할 때도 간단히 나타낼 수 있는 편리한 수랍니다.

지구에서 태양까지의 거리는 약 1.5×10^{8}km로 표시하고, 빛이 1년간 지나가는 거리인 1광년은 약 9.46×10^{12}km이며, 수소 원자의 반지름은 약 0.3×10^{-8}cm 등으로 간단히 표시할 수 있어요.

이처럼 지수는 현대 과학에서 매우 중요한 도구예요. 과학자가 만약 지수를 사용하지 않는다면 계산하는 데 엄청나게 많은 시간이 걸릴 수도 있기 때문에 연구 생활을 제대로 하려면 지수가 꼭 필요해요. 지수는 과학자에게 천사 같은 존재인 셈이지요.

더 알아보기 **엄청나게 큰 수와 작은 수를 어떻게 지수로 표시하는지 조금 더 자세히 살펴봐요.**

예를 들어 200억을 지수로 표시한다면

$20000000000 = 2 \times 10 \times 10 \times 10 \times \cdots\cdots \times 10$이므로 2에 10을 10번 곱한 수가 되지요. 즉 2×10^{10}으로 표시합니다.

이번에는 작은 수 0.0000000002를 어떻게 표시하는지 알아볼까요?

$0.0000000002 = \frac{2}{10000000000}$이므로 2를 10으로 10번 나눈 수입니다. 따라서 $\frac{2}{10000000000} = \frac{2}{10^{10}} = 2 \times 10^{-10}$이 되어요.

보통 $\frac{1}{10} = 10^{-1}$, $\frac{1}{100} = 10^{-2}$, $\frac{1}{1000} = 10^{-3}$, $\frac{1}{1000\cdots00} = 10^{-n}$으로 표시해요.

요즘 우리 손에서 떨어질 수 없는 기기는 스마트폰이에요. 또한 책상 위의 가장 친한 물건 중에 하나는 바로 컴퓨터이지요. 스마트폰과 컴퓨터에는 거듭제곱과 지수 법칙의 원리가 숨어 있어요.

문자나 그림, 음악을 디지털화했을 때는 모두 데이터라고 불러요. 사진이나 동영상을 스마트폰으로 자유롭게 보내고 받을 수 있는 것은 그만큼 데이터의 양을 많이 저장할 수 있는 메모리칩을 사용하기 때문이지요.

데이터의 양을 표시하는 단위는 바이트byte라고 해요.

2^{10} : 킬로바이트kilobyte

$(2^{10})^2=2^{20}$: 메가바이트(megabyte, 킬로바이트의 제곱)

$(2^{10})^3=2^{30}$: 기가바이트(gigabyte, 킬로바이트의 세제곱)

2. 문자 사용이 편리한 이유

옛날 임금님이 공주의 신랑감을 구하기 위해 전국에 방을 붙였어요. 전국에서 수많은 청년들이 궁궐로 모여 들었지요. 임금님은 1차와 2차 시험을 통해 최종 3명을 선발했어요. 바로 갑돌, 길동, 선달, 세 청년이었답니다.

임금님은 세 청년에게 다음과 같은 문제를 냈어요.

"왕궁 안에는 크기가 다른 3개의 창고가 있다. 창고에는 각각 밤, 대추, 호두를 담은 자루가 가득 쌓여 있는데, 쥐 한 마리가 드나들 수 있는 작은 구멍이 있다고 한다. 만일 쥐가 6일 동안 날마다 세 군데 창고에 들어가 한 알씩 물고 나왔다면, 6일 후 창고에 남아 있는 밤과 대추, 호두의 개수는 각각 몇 개씩인지 정확하게 계산하라!"

임금님은 이 문제를 해결하는 청년에게 공주를 주겠노라고 선언했어요.

우리 함께 세 청년의 풀이법을 살펴볼까요?

(1) 갑돌이는 창고의 물건을 낱낱이 셈하겠노라고 기염을 토하면서 창고 안으로 바삐 들어갔어요.

(2) 길동이는 한 자루에 있는 밤, 대추, 호두의 수를 셈한 값에 창고 안 자루의 수를 곱하고 각각 6을 빼면 된다는 계산법을 세웠어요. 그리고 바로 창고로 들어갔어요.

(3) 선달은 창고에는 가지도 않고, 밤의 전체 수를 a, 대추의 전체 수는 b, 호두의 전체 수를 c라고 가정했어요. 그런 다음 밤과 대추, 호두의 개수는 각각 $a-6$, $b-6$, $c-6$이라고 답했어요.

과연 누가 공주님을 아내로 얻고 임금님의 부마가 될 수 있었을까요? 바로 선달이랍니다! 선달처럼 문자를 사용하면 굳이 고생하지 않고도 어려운 문제를 쉽게 계산할 수 있어요!

3. 단항식과 지수 법칙

아주 먼 옛날 인도 갠지스 강 기슭에 브라만교의 대사원이 있었어요. 사원의 마당 가운데에는 커다란 원형의 탑이 있었고, 그 둘레에는 높이 50㎝ 정도의 구리막대 3개가 있었어요. 각 막대에는 64개의 원판이 끼워져 있었지요.

어느 날 스님들이 탑 주위에서 기도를 하고 있을 때였어요. 멀리서 브라만 신의 음성이 우렁차게 들렸어요.

"그대들은 이제부터 막대에 끼워진 원판들을 다른 막대로 옮겨 놓도록 하라. 단, 한 번에 한 개씩만 옮겨야 하고 절대로 큰 것을 작은 것 위에 놓아서는 안 된다. 이제부터 그대들이 내 명령을 무시하고 게으름을 부리면 이 세상은 환란의 종말이 올 것이다. 하지만 반대로 부지런히 원판을 옮긴다면 그동안 세상은 평화로울 것이니라."

스님들은 원판을 옮기기 위해 갖은 애를 다 썼지만 쉽게 해결할 수 없었어요. 이럴 경우에는 우선 가장 간단한 계산부터 한 후 수학적으로 원리를 유추하면 된답니다.

(1) A, B, C, 3개의 구리막대가 있고, A 막대에는 큰 원판 위에 작은 원판이 끼워져 있다고 생각해 봐요. 편의상 작은 원판을 ①, 큰 원판을 ②라고 생각하고 다른 판 위에 옮기는 작업을 차근차근 해 봐요.

1단계 : ①을 B 위에 놓아요.

2단계 : ②를 C 위에 놓아요.

3단계 : ①을 C의 ② 위에 놓아요. 그럼 구리막대 A의 원판 2개가 모두 C로 이동되었어요. 이때 2개의 원판은 3번에 걸쳐서 이동되었답니다.

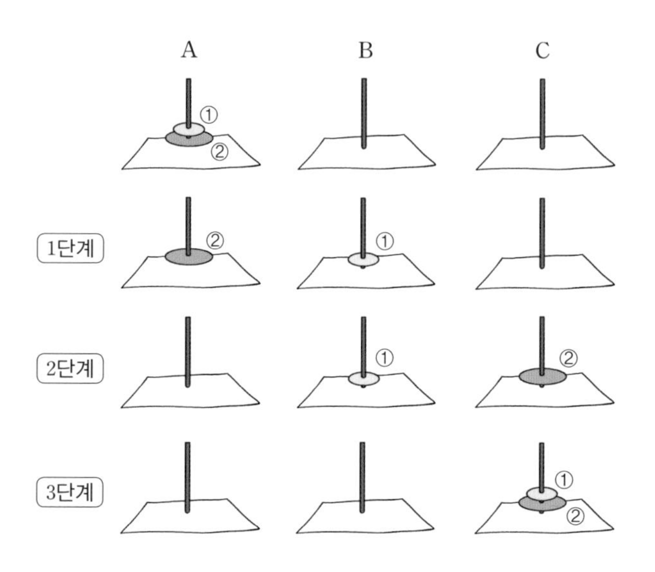

(2) 이번에는 구리막대에 크기가 각각 다른 3개의 원판이 끼워져 있다고 생각해 봐요.

다음 그림처럼 구리막대 A에 있는 원판 ①을 먼저 B 위에 옮기고, C 위에 ②를 옮겨요. 그다음 B의 ①을 C의 ② 위에 얹고, A의 ③을 B로 옮겨요. 다시 ①을 A로 옮기고, B의 ③ 위에 C의 ②를 얹어요. 마지막으로 A의 ①을 B 위에 얹으면 3개의 원판이 순서대로 B로 이동되었어요. 이때 이동한 횟수는 모두 7번이랍니다.

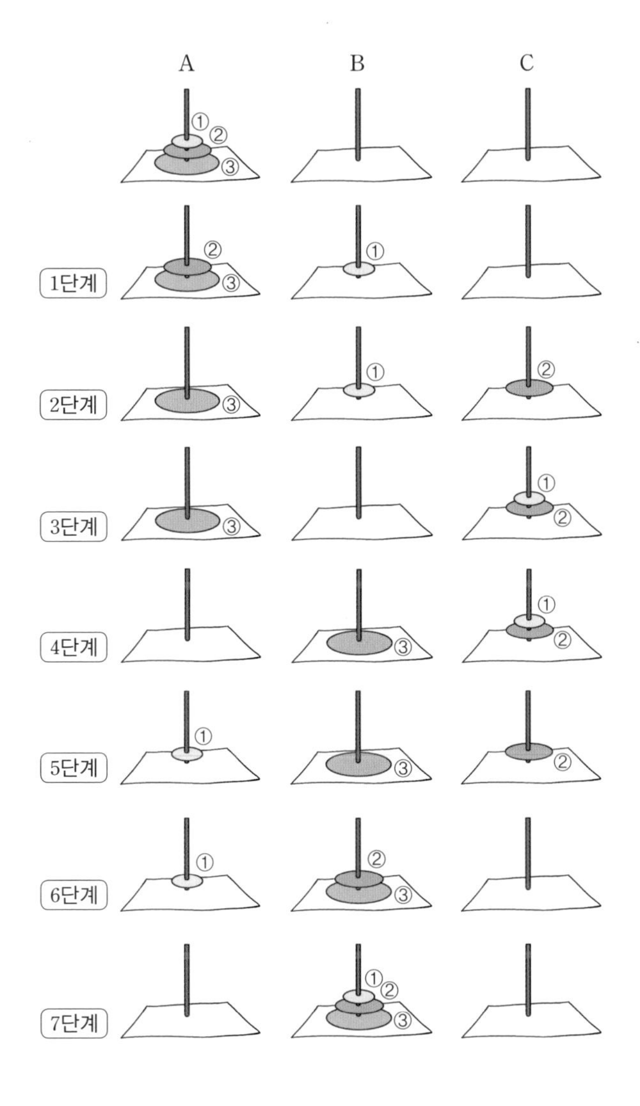

우리는 여기에서 다음과 같은 규칙을 찾을 수 있어요.

원판이 2개일 때 옮긴 횟수 : $2\times2-1=3$

원판이 3개일 때 옮긴 횟수 : $2\times2\times2-1=7$

그렇다면 원판이 4개일 때는 몇 번 옮기면 될까요? 우리 친구들은 금세 알아차렸나요?

정답은 바로 $2\times2\times2\times2-1=15$랍니다! 이 결과를 거듭제곱으로 사용하여 정리해 보면

원판이 2개일 때 옮긴 횟수 : $2^2-1=3$

원판이 3개일 때 옮긴 횟수 : $2^3-1=7$

원판이 4개일 때 옮긴 횟수 : $2^4-1=15$가 돼요.

그러므로 위 문제에서는 원판이 모두 64개이므로 옮긴 횟수는 $2^{64}-1$이 된답니다.

이 값을 계산하기 위해 집에서 쓰는 일반 계산기를 사용한다면 답이 나오지 않을 거예요. 계산기의 용량이 넘치는 값이기 때문이지요. 실제로 $2^{64}-1=18446744073709551615$라는 엄청나게 큰 수예요. 얼마나 큰 수인지 가늠하기 힘들 정도랍니다. 거기, 거기, 입 열린 친구들 얼른 다무세요. 이 수는 조를 훨씬 넘어서 경으로 세어야 한답니다.

만약 원판 하나를 옮길 때 1초가 걸린다면 약 600억 년 정도가 걸리는 수예요. 스님들이 성실하게 원판 옮기는 일을 계속한다면 지구는 영원히 평화로울 거랍니다.

지수를 이용해 다른 문제를 풀어 봐요.

철수는 계산기로 2를 3번 곱한 다음에 다시 2를 4번 곱하였어요. 모두 몇 번 곱하였나요? 3번과 4번을 더하니까 모두 7번이에요. 우리 함께 그 원리를 수학적으로 설명해 볼까요?

2^3은 2를 세 번, 2^4은 2를 네 번 곱한 것이에요.

$$2^3\times2^4=(2\times2\times2)\times(2\times2\times2\times2)$$
$$=2\times2\times2\times2\times2\times2\times2$$
$$=2^7$$
$$=2^{3+4}$$

우리는 이 계산을 통해 **거듭제곱의 곱셈**은 밑이 같을 때 **지수끼리 더할 수 있다**는 사실을 알게 되었어요!

약속

지수 법칙 1

$a^m\times a^n=a^{m+n}$ (단, m, n이 자연수일 때)

$a^3\times b^4$는 a^{3+4}일까요? b^{3+4}일까요? 아쉽지만 둘 다 틀렸어요! 지수의 덧셈은 지수의 밑이 같을 때만 성립한답니다.

그러면 식 $x^4\times y^3\times x^2\times y^3$을 간단하게 지수로 나타내면 어떻게 될까요?

$$x^4\times y^3\times x^2\times y^3$$
$=x^4\times x^2\times y^3\times y^3$($\because$ 곱셈에서는 교환법칙이 성립)

$=x^{4+2}\times y^{3+3}$

($\because$ 밑이 같은 지수의 곱셈은 지수끼리 더할 수 있음)

$=x^6\times y^6=x^6y^6$($\because$ 곱셈기호는 간단히 하기 위해 생략)

그렇다면 거듭제곱의 거듭제곱인 $(5^4)^3$은 어떻게 계산할까요?

$(5^4)^3$은 5^4을 3번 거듭제곱한 것이므로

$(5^4)^3=5^4\times5^4\times5^4=5^{4+4+4}=5^{4\times3}=5^{12}$이 됩니다.

즉 $(5^4)^3=5^{4\times3}=5^{12}$이므로 지수끼리 곱하면 돼요.

이 문제는 밑이 5인 숫자였지만 문자인 경우에도 마찬가지랍니다. 즉 $(a^4)^3=a^{4\times3}=a^{12}$입니다.

약속

지수 법칙 2

$(a^m)^n=a^{m\times n}=a^{mn}$ (단, m, n이 자연수일 때)

예를 들어, 한 변의 길이가 x인 정사각형 모양 액자의 넓이를 구한다면? 정사각형은 가로와 세로의 길이가 같으므로 넓이는 x^2입니다. 여기서 한걸음 더 나아가 한 변의 길이가 x^3인 정사각형 모양의 액자의 넓이를 구한다면? x의 지수가 3이란 사실에 주저하지 말고 $(x^3)^2=x^{3\times2}=x^6$을 구하기만 하면 돼요. 제곱만이 넓이라는 생각은 버리고 거듭제곱의 거듭제곱도 자유롭게 풀 수 있다는 사실을 기억하세요!

이번에는 거듭제곱과 거듭제곱의 나눗셈을 한번 풀어 봐요.

$a^5\div a^2$, $a^2\div a^2$, $a^2\div a^5$을 생각해 봐요.

여기서 a는 물론 1이 아닌 양수입니다. 나눗셈을 a의 거듭제곱으로 간단히 나타내면 다음과 같아요.

$$a^5 \div a^2 = \frac{a^5}{a^2} = \frac{a \times a \times a \times a \times a}{a \times a} = a \times a \times a = a^{5-2} = a^3$$

$$a^2 \div a^2 = \frac{a^2}{a^2} = \frac{a \times a}{a \times a} = 1 = a^{2-2} = a^0$$

$$a^2 \div a^5 = \frac{a \times a}{a \times a \times a \times a \times a} = \frac{1}{a \times a \times a} = \frac{1}{a^3} = a^{2-5} = a^{-3}$$

따라서 다음과 같은 지수 법칙을 얻을 수 있어요.

약속

지수 법칙 3

m, n이 자연수이고, a는 1이 아닌 양수일 때

(1) $m>n$이면 $a^m \div a^n = a^{m-n}$

(2) $m=n$이면 $a^m \div a^n = a^0 = 1$

(3) $m<n$이면 $a^m \div a^n = \frac{1}{a^{n-m}}$

이번에는 밑이 곱 또는 분수일 때 거듭제곱 계산을 알아봐요.

$(ab)^3$과 $\left(\frac{b}{a}\right)^3 (a \neq 0)$을 생각해 봐요.

$$\begin{aligned}(ab)^3 &= ab \times ab \times ab \\ &= a \times b \times a \times b \times a \times b \\ &= a \times a \times a \times b \times b \times b \\ &= a^3 b^3\end{aligned}$$

$$(ab)^3 = a^3 b^3$$

$$\left(\frac{a}{b}\right)^3 = \frac{a^3}{b^3}$$

$$\left(\frac{b}{a}\right)^3=\frac{b}{a}\times\frac{b}{a}\times\frac{b}{a}=\frac{b\times b\times b}{a\times a\times a}=\frac{b^3}{a^3}$$

이처럼 괄호 밖의 지수는 괄호 안의 문자에 각각 적용된답니다.

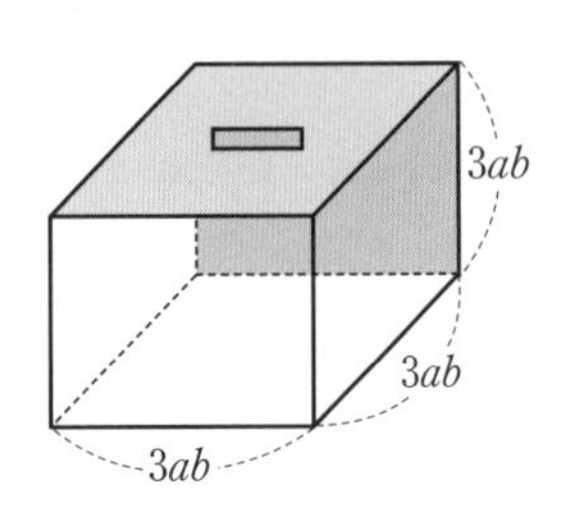

개념다지기 문제 **인호네 반은 어떤 문제를 놓고 학급회의에서 의견이 모아지지 않았어요. 그래서 최종 결정을 내리기 위해 무기명 비밀투표를 하기로 했어요. 아이들은 오른쪽 그림처럼 한 변의 길이가 $3ab$인 정육면체의 투표함을 만들었어요. 이 투표함의 부피는 얼마일까요?**

풀이

먼저 정육면체는 가로, 세로, 높이가 모두 같으므로 부피는 (가로×세로×높이)가 됩니다.

즉 $3ab\times3ab\times3ab=(3ab)^3=3^3a^3b^3=27a^3b^3$이 됩니다.

4. 단항식의 곱셈과 나눗셈

예쁜 선물 상자를 열어 보니 안에 작은 쿠키 상자 6개가 들어 있었어요. 작은 상자 한 칸의 가로, 세로의 길이가 각각 x와 y라면, 큰 상자의 밑넓이는 얼마일까요?

작은 상자의 넓이는 $x\times y=xy$이고, 모두 6개예요. 따라서 전체 넓이는 $6\times(x\times y)=6xy$가 되어요. 이처럼 수나 문자가 곱으로만 연결된 식을 **단항식**이라고 불러요.

단항식單項式은 항이 단 하나인 식을 말해요. 수나 문자를 곱으로만 연결한 식이므로 아무리 많은 수와 문자를 곱해도 항이 하나로 표시되지요. 다음 식을 한번 간단히 정리해 볼까요?

$$5\times(-10)\times9\times a\times a\times b\times b\times b\times b\times c\times c\times c\times(-2)$$

이 식에는 음수가 2개 있어요. 그러니 식의 전체 부호는 양수가 되고, 숫자는 숫자끼리, 문자는 문자끼리 곱하면 돼요. 이때 앞에서 배운 지수 법칙을 이용합니다.

$$5\times(-10)\times9\times a\times a\times b\times b\times b\times b\times c\times c\times c\times(-2)$$
$$=[5\times(-10)\times9\times(-2)]\times[a\times a\times b\times b\times b\times b\times c\times c\times c]$$
$$=900\times a^2\times b^4\times c^3=900a^2b^4c^3$$

이번에는 단항식과 단항식의 곱셈을 알아봐요.

$3x\times2y$에서 규칙을 발견해 볼까요? 곱셈에서는 교환법칙과 결합법칙이 성립해요.

$$\begin{aligned}3x\times2y&=(3\times x)\times(2\times y)\\&=3\times2\times x\times y\\&=(3\times2)\times(x\times y)\\&=6xy\end{aligned}$$

이와 같이 단항식의 곱셈은 계수는 계수끼리, 문자는 문자끼리 곱하여 계산합니다. 어! 계수라는 말 기억하지요?

예를 들어 단항식 $4x=4\times x=x+x+x+x$예요. 다시 말해서 $4x$의 계수 4는 문자 x의 개수라는 것이지요.

또한 $3\times5\times x\times x\times x=15x^3$에서 x^3은 x를 3번 곱한 것으로 3은 x의 차수예요. $15x^3$에서 x^3의 계수는 15이고 이 뜻은 x^3이 15개가 있다는 말이랍니다.

약속

단항식에서 문자 앞에 있는 숫자는 계수이며, 문자의 거듭제곱을 나타내는 지수는 그 문자의 차수가 된다. 즉 계수는 그 문자의 개수를 의미하고, 차수는 문자를 곱한 수이다.

우리 주변에는 사각기둥 모양이 많아요. 거리에 서 있는 대형 빌딩과 아파트의 모양도 그렇고, 집 안에는 장롱, 냉장고, 책장 등이 모두 사각기둥 모양이에요. 또 택배 상자와 그 안에 들어 있는 선물 상자도 대부분 사각기둥 모양이지요. 한 변의 길이가 제각각 다르더라도 다음 공식 한 가지면 충분해요.

$$(\text{부피})=(\text{밑넓이})\times(\text{높이})$$

예를 들어 상자의 부피가 $32xy^2$이고, 밑넓이가 $4xy$라고 할 때, 높이는 얼마일까요?

(높이)=(부피)÷(밑넓이)이므로 $32xy^2 \div 4xy = \frac{32xy^2}{4xy} = 8y$가 되어요. 이렇게 한 가지를 알면 단순한 수학 문제뿐만 아니라 우리 실생활과 관련된 문제들도 알 수 있어요.

단항식의 나눗셈은 수를 분수로 바꾸거나, 역수를 이용하여 곱셈으로 바꾼 다음 계산할 수도 있어요. 여러 가지 방법 가운데 가장 맘에 드는 방법으로 하면 된답니다.

$32xy^2 \div 4xy$	$32xy^2 \div 4xy$
$= \frac{32xy^2}{4xy}$	$= 32xy^2 \times \frac{1}{4xy}$
$= \frac{32}{4} \times \frac{xy^2}{xy}$	$= 32 \times \frac{1}{4} \times xy^2 \times \frac{1}{xy}$
$= 8y$	$= 8y$

더 알아보기 LCD TV가 나온 이후에 화질이 더 선명한 LED TV가 나왔고, 요즘에는 3D TV가 인기를 끌고 있어요. 정부에서는 2007년부터 우리가 사용하는 단위들을 통일시키기 위해 노력했어요. 길이 단위인 'inch'는 cm로, 금의 무게를 재는 '돈'은 g으로, 아파트의 넓이 '평'은 m^2로 사용하기를 권장했지요. 하지만 매장에서는 inch와 cm를 병행하여 사용하고 있어요. 이처럼 오랫동안 사용하던 관습을 하루아침에 바꾸는 것은 쉬

운 일이 아니에요.

46 inch TV 모니터의 경우 대각선의 길이는 약 116cm라고 해요. 46 inch를 cm로 고치면 $46 \times 2.54 = 116.84$cm(1 inch는 2.54cm)이지요. 만약 TV 화면의 넓이를 $28a^2$이라고 할 때 세로의 길이가 $4a$이면 가로의 길이는 얼마일까요?

직사각형의 넓이는 가로와 세로의 곱이므로

(가로의 길이)=(넓이)÷(세로의 길이)$=28a^2 \div 4a = \dfrac{28a^2}{4a} = 7a$

가 된답니다.

5. 다항식이란 무엇일까?

미숙이네 동아리에서는 학교 축제 때 판매할 간식거리로 작은 상자에 사탕 a개, 초콜릿 b개, 껌 c개를 넣어서 포장했어요. 동아리에서 모두 50상자를 포장했다면 사탕과 초콜릿, 껌은 모두 몇 개가 사용되었을까요?

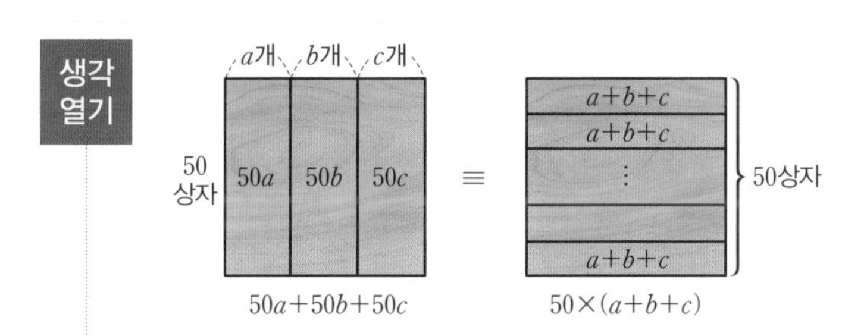

50상자에 들어가는 사탕의 개수는 $50 \times a = 50a$개, 초콜릿의 개수는 $50 \times b = 50b$개, 껌의 개수는 $50 \times c = 50c$개가 되어요. 그러므

로 이것을 다 합하면 $50a+50b+50c$가 된답니다.

한편 이 문제를 다음과 같이 생각할 수도 있어요.

한 상자에 들어가는 사탕과 초콜릿, 껌의 개수는 모두 합하여 $a+b+c$개예요. 모두 50상자를 포장해야 하므로 $50\times(a+b+c)$가 되지요. 즉 $50\times(a+b+c)$와 $50a+50b+50c$는 같다는 말이에요.

우리는 여기에서 $50\times(a+b+c)=50a+50b+50c=50\times a+50\times b+50\times c$가 성립함을 알 수 있어요.

이처럼 수와 다항식의 곱셈은 분배법칙을 이용하여 다항식의 각 항에 수를 곱하면 돼요. **다항식**多項式은 항이 여러 개라는 뜻으로, 단항식과 단항식을 합으로 연결한 식을 말해요.

위의 보기에서 $50a$, $50b$, $50c$는 모두 단항식이에요. 3개의 단항식을 덧셈으로 연결한 식 $50a+50b+50c$는 다항식이 되었어요. 이 때 다항식 $50a+50b+50c$를 구성하는 $50a$, $50b$, $50c$를 각각 **항**이라고 부른답니다.

약속

다항식을 이루는 각 부품에 해당하는 요소를 항이라고 한다.

자, 이제 단항식과 다항식을 정의했으니 두 식을 가지고 자유롭게 덧셈, 뺄셈을 한번 해 봐요. 이 계산들은 앞으로 방정식과 부등식을 배울 때 밑거름이 되는 능력이에요.

단항식 $900a^2b^4c^3$은 세 가지 문자로 된 식이고, 문자 a에 대해

서는 2차식이에요. 즉 a의 지수가 2이므로, a를 두 번 곱했다는 뜻이지요. 또한 문자 b에 대해서는 4차식, c에 대해서는 3차식이 돼요.

다항식의 차수는 각 항의 차수 중 가장 높은 것을 말해요. 예를 들어 다항식 $8x^3 \times 3x^2 - 7x - 1$을 생각해 볼까요?

$8x^3$은 3차식인 항이므로 3차항, $3x^2$은 2차항, $-7x$는 1차항이에요. 이때 다항식의 차수는 가장 높은 차수를 지칭하므로 이 식의 차수는 3차식이 돼요. 즉 문자의 곱셈을 제일 많이 한 것을 식의 대표 이름으로 하지요. 또한 문자가 없이 숫자만 홀로 있는 -1은 **상수항**이라고 불러요.

그럼 이번에는 문자가 두 가지인 일차식을 계산해 봐요. 가령 $2x$

는 x에 대하여 일차식인 단항식이에요. 또 $5y$ 역시 y에 대하여 일차식인 단항식이지요. 그러면 $2x+5y$는 x, y 두 문자에 대하여 일차식이에요. 물론 단항식을 더하였으므로 다항식이라고 부르지요. 그러나 일차식끼리 더한 다항식이므로 최종 차수는 일차식이에요.

자, 이제 두 가지 문자에 대하여 일차식인 두 다항식을 계산해 봐요.

$(3x+7y)+(2x-9y)$의 덧셈을 하려면 괄호를 먼저 풀어 주어야 해요.

$(3x+7y)+(2x-9y)=3x+7y+2x-9y$

$=3x+2x+7y-9y$(∵ 교환법칙을 이용하여 같은 문자, 즉 동류항끼리 모아요.)

$=(3x+2x)+(7y-9y)$ (∵ 결합법칙을 이용)

$=5x-2y$

두 다항식의 뺄셈은 빼는 식의 각 항의 부호를 바꾸어 더합니다.

$(5x+9y)-(4x-6y)$

$=5x+9y-4x+6y$ (∵ 괄호를 풀면 부호가 바뀌어요.)

$=(5x-4x)+(9y+6y)$

(∵ 동류항끼리 모은 후에 결합법칙 사용)

$=x+15y$

6. 다항식의 계산

은정이네 가족은 텃밭을 가꾸었어요. 오른쪽 그림과 같이 직사각형 모양의 밭에 상추와 고추를 심었지요. 상추와 고추를 심은 밭의 넓이는 각각 얼마나 될까요?

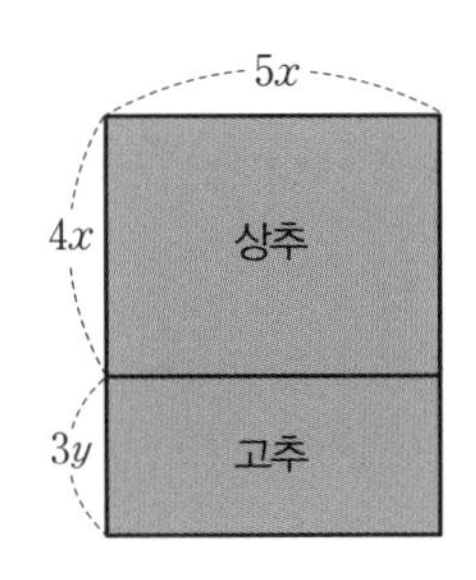

상추밭의 넓이는 $5x\times4x=20x^2$

고추밭의 넓이는 $5x\times3y=15xy$가 됩니다.

한편, 텃밭의 전체 넓이를 구할 때는 다음과 같은 식도 생각해 볼 수 있어요.

전체 텃밭의 가로는 $5x$이고, 세로는 $4x+3y$이므로 밭의 넓이는 $5x\times(4x+3y)$가 됩니다.

이는 곧 단항식과 다항식의 곱셈이지요. 앞에서 배운 것처럼 분배법칙을 이용하면 쉽게 계산할 수 있어요.

$$5x\times(4x+3y)=5x\times4x+5x\times3y=20x^2+15xy$$

약속

단항식과 다항식의 곱을 하나의 다항식으로 나타내는 것을 '식을 전개한다'라고 말하며, 전개하여 얻은 다항식을 전개식이라고 한다.

다항식을 단항식으로 나눌 때는 주의할 점이 많아요. 다음에 나오는 분수 계산으로 개념을 확실하게 다져 봐요.

$\frac{9-4}{3}$의 계산을 A와 B 두 학생이 다음과 같이 풀었어요. 누가

옳게 풀었을까요?

$$\text{(A학생)}\ \frac{\overset{3}{\cancel{9}}-4}{\cancel{3}}=3-4=-1$$

$$\text{(B학생)}\ \frac{9-4}{3}=\frac{\overset{3}{\cancel{9}}}{\cancel{3}}-\frac{4}{3}=3-\frac{4}{3}=\frac{5}{3}$$

정답은 $3-\frac{4}{3}=\frac{9-4}{3}=\frac{5}{3}$이므로 B학생의 답이 맞았어요.

이번에는 다항식을 수로 나누는 경우를 생각해 봐요.

$\frac{6x+5}{2}$, $\frac{8xy-3}{4}$, $\frac{3xy-15}{10}$는 약분하고 싶어도 할 수가 없어요. 왜냐하면 $\frac{6x+12}{2}=3x+6$처럼 분모로 분자에 있는 수들을 동시에 다 약분할 수 없기 때문이에요.

다항식을 단항식으로 나눌 때는 분수식으로 바꾸었을 때 다항식의 각 항을 동시에 약분할 수 있을 때에만 약분을 해요. 또는 역수를 이용하여 곱셈으로 바꾸어 계산할 수도 있지요.

예를 들어 $(8x^2+4xy)\div 2x$의 계산을 다음과 같이 생각할 수 있어요.

$(8x^2+4xy)\div 2x$	$(8x^2+4xy)\div 2x$
$=\frac{8x^2+4xy}{2x}$	$=(8x^2+4xy)\times\frac{1}{2x}$
$=\frac{8x^2}{2x}+\frac{4xy}{2x}$	$=\frac{8x^2}{2x}+\frac{4xy}{2x}$
$=4x+2y$	$=4x+2y$

7. 곱셈 공식

교실 뒷면 게시판에 오른쪽과 같이 색지를 붙여서 단장하려고 해요. 4가지 색 시트지를 붙인다고 할 때 필요한 시트지의 전체 넓이는 얼마일까요?

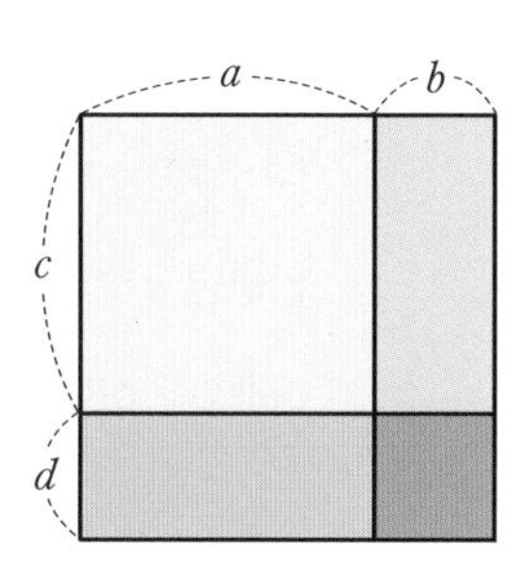

생각 열기

전체 가로의 길이는 $a+b$이고, 세로의 길이는 $c+d$예요. 그러므로 전체 직사각형의 넓이는 $(a+b)(c+d)$가 돼요.

한편, 색깔별로 직사각형의 넓이를 각각 구한 다음 모두 합하면 $ac+ad+bc+bd$가 돼요.

결국 위 두 식은 같아야 하므로 $(a+b)(c+d)=ac+ad+bc+bd$가 돼요.

$(a+b)(c+d)$에서 세로의 길이 $c+d$를 한 문자 m이라고 생각하고 분배법칙을 이용하여 위 식을 증명해 봐요.

$(a+b)(c+d)=(a+b)\times m$ ← $c+d$를 m으로 놓는다.

$=am+bm$ ← 분배법칙

$=a(c+d)+b(c+d)$ ← m에 $c+d$를 다시 대입한다.

$=ac+ad+bc+bd$ ← 분배법칙

계산이 익숙해지려면 직접 해 보는 게 최고예요.

$(a+4)(b+5)$를 계산해 볼까요?

$(b+5)$를 문자 m이라 생각하고 분배법칙을 사용하면

$(a+4)m=a\times m+4\times m$이 돼요. 다시 문자 m에 $(b+5)$를 대입하면 $a\times(b+5)+4\times(b+5)=ab+5a+4b+20$이 되어요.

어때요? 어렵지 않죠? 직접 해 보면 계산 원리도 정리되고 생각한 만큼 어렵지도 않답니다.

약속

다항식과 다항식의 곱셈은 문자가 같은 항, 즉 동류항끼리 모아서 정리하고 차수가 높은 항부터 차례로 쓴다.

한 변의 길이가 a인 노란색 정사각형 색종이가 있어요. 종이접기를 하려고 노란색 색종이보다 한 변의 길이가 b만큼 긴 빨간색 색종이와 b만큼 짧은 파란색 색종이를 더 준비했어요.

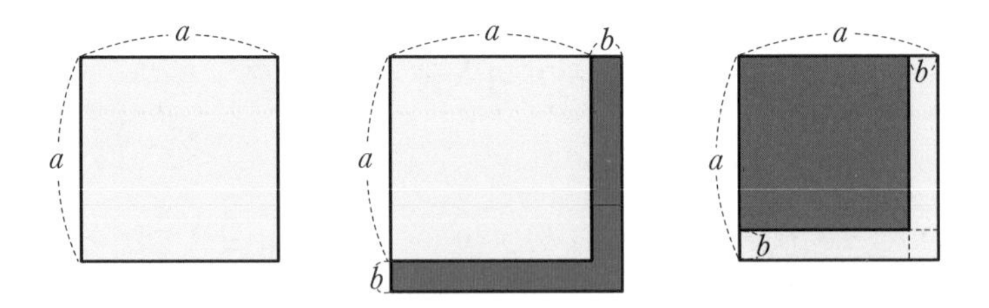

빨간색과 파란색 색종이의 넓이는 각각 $(a+b)^2$, $(a-b)^2$이 돼요. 즉 빨간색은 $2ab$와 b^2만큼 넓어졌고, 파란색은 $2ab$만큼 좁아졌고 b^2만큼은 넓어졌어요. 분배법칙을 이용하여 전개하면 다음과 같아요.

〈빨간색 색종이〉	〈파란색 색종이〉
$(a+b)^2=(a+b)(a+b)$	$(a-b)^2=(a-b)(a-b)$
$=a^2+ab+ba+b^2$	$=a^2-ab-ba+b^2$
$=a^2+2ab+b^2$	$=a^2-2ab+b^2$

이 공식은 앞으로 중학교 수학에서 매우 중요한 공식이므로 완벽하게 암기해서 자유롭게 활용할 수 있도록 하세요.

$(a+b)(a+b)$	$(a-b)(a-b)$

공식1 $(a+b)^2=a^2+2ab+b^2$

공식2 $(a-b)^2=a^2-2ab+b^2$

공식3 $(a+b)(a-b)=a^2-b^2$

[$\because$ $(a+b)(a-b)=a^2-ab+ba-b^2=a^2-b^2$]

이번에는 두 다항식의 곱 $(x+a)(x+b)$를 풀어 봐요.

$$(x+a)(x+b)=x^2+bx+ax+ab$$
$$=x^2+\underline{(a+b)}x+\underline{ab}$$

↓ a와 b의 합 ↓ a와 b의 곱

공식4 $(x+a)(x+b)=x^2+(a+b)x+ab$

이 문제에서 x의 계수가 1이 아닌 다른 수, 즉 $(ax+b)(cx+d)$라면 다음과 같아요.

$$\begin{aligned}(ax+b)(cx+d)&=acx^2+adx+bcx+bd\\&=acx^2+(ad+bc)x+bd\end{aligned}$$

공식5 $\begin{aligned}(ax+b)(cx+d)&=acx^2+adx+bcx+bd\\&=acx^2+(ad+bc)x+bd\end{aligned}$

문자에 수를 넣어 실제로 한번 풀어 볼까요?

$(3x+7)(2x+1)$을 '공식5'를 활용하여 전개해 보면

$$
\begin{aligned}
(3x+7)(2x+1) &= (3\times2)x^2+(3\times1+7\times2)x+7\times1 \\
&= 6x^2+17x+7
\end{aligned}
$$

위 공식들을 모두 다 외우려면 무척 힘들겠지요? 사실 기본 공식만 암기하면 나머지는 저절로 다 된답니다.

마이너스 기호가 있는 '공식2'를 플러스 기호로 바꾸면 결국 '공식1'이 되고, '공식5'도 '공식4'만 익숙해지면 저절로 풀 수 있기 때문에 굳이 암기할 필요가 없어요.

8. 등식의 변형

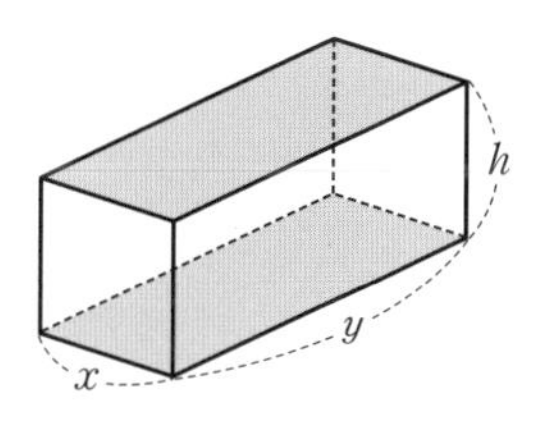

오른쪽 그림은 직육면체 모양의 각티슈예요. 각티슈의 밑넓이를 S, 높이를 h라 할 때 부피 V는 (밑넓이×높이)이므로 $V=Sh$가 되죠.

밑면의 가로의 길이를 $x$cm, 세로의 길이를 $y$cm라고 할 때 직육면체의 부피를 x, y에 관한 식으로 나타내려면 아주 간단하게 S에 xy를 대입하기만 하면 된답니다.

즉 $V=Sh=xy\times h=xyh$예요.

점점 문자가 많아져서 머리가 아프다고 툴툴대는 학생들이 있을 것 같아요. 하지만 여기에도 요령이 있어요! '문자'를 모두 '문자'로 보지 말고 '숫자'처럼 생각하는 것이에요. 물론 순식간에 터득되는 건 아니랍니다. 훈련과 연습이 꼭 필요해요!

개념다지기 문제 **$y=3x-1$일 때, 식 $4x-2y+5$를 x에 관한 식으로 나타내어 보세요.**

풀이

풀이의 요령은 '$y=3x-1$일 때'라고 한 부분에 있습니다. 문제에서 제시한 조건을 구하고자 하는 식 $4x-2y+5$에다 대입하기만 하면 된답니다.

y에 $3x-1$을 대입하면 식은 다음과 같아요.

$$\begin{aligned}4x-2y+5&=4x-2\times(3x-1)+5\\&=4x-6x+2+5=-2x+7\end{aligned}$$

9. 문자를 사용하는 이유

초등학교 시절에는 주로 수만을 썼기 때문에 대수라는 이름이 어색하고 서먹할 수 있어요. 대수代數는 숫자 대신 문자를 쓴다는 뜻이지요. 문자의 역할은 무척 다양하고 사용해 보면 편리한 점이 많아요.

(1) 모르는 수를 대신할 수 있다.

초등학교 수학에서는 다음과 같은 문제를 풀었어요.

문제 : 다음 괄호 속에 어떤 수가 들어갈 수 있을까?

$$32-2\times(\quad\quad)=16$$

답 : 8

여기에서 사용한 괄호에는 모르는 수, 즉 겉으로 나타나지는 않지만 정확한 수 하나만 들어갈 수 있어요. 이런 경우 앞으로는 알파벳 x를 쓰고 미지수라고 말해요.

(2) 항상 성립하는 법칙을 나타낸다.

우리는 다음과 같은 식이 성립하는 것을 알고 있어요.

$$5+2=2+5,\ 2\times5=5\times2$$

$$5+6=6+5,\ 5\times6=6\times5$$

$$7+3=3+7,\ 7\times3=3\times7$$

앞의 식은 수 사이의 덧셈과 곱셈을 할 때는 앞뒤의 순서를 바꾸어도 좋다는 것을 말하고 있어요. 이런 경우 일일이 숫자로 표시하기보다는 문자를 사용하면 편리하답니다.

a, b를 임의의 수라고 할 때 위 식들은 간단히 $a+b=b+a$, $a\times b=b\times a$로 쓸 수 있어요. 그리고 덧셈과 곱셈에 관해서 교환법칙이 성립한다고 말하지요.

(3) 수량 사이에 나타나는 일정한 관계를 나타낼 수 있다

이 말은 변하는 수 대신 문자를 사용할 수 있다는 뜻이에요.

예를 들어 핀의 개수가 많아지면 전체 무게가 늘어나는 관계를 다음과 같이 표시할 수 있어요.

핀의 개수 (개)	1	2	3	4	5	……
전체 무게 (g)	2	4	6	8	10	……

앞의 표는 핀의 개수가 1, 2, 3, 4…로 한 개씩 많아지면 그 무게는 2배씩 늘어난다는 사실을 알려 줍니다. 이것을 식으로 표시하면 핀의 개수와 무게 사이에는 (핀의 개수)×2=(무게)의 관계가 성립되는 것을 알 수 있지요. 즉 핀의 수가 8이면 무게가 16g이 되는 거예요.

그런데 위 계산은 문자를 이용하면 더 간단히 쓸 수 있어요. $y=2x$, 즉 y는 x의 2배라고 한번에 나타낼 수 있답니다. 이렇게 문자를 쓰면 일일이 말로 설명하는 것보다 훨씬 간단해져요.

(4) 특별한 수를 나타낸다.

이미 원주율은 3.14라고 배웠고 원의 넓이도 원주율을 이용해 계산해 왔어요. 우리는 간단히 3.14를 쓰고, 달까지의 궤도 계산을 할 때도 3.141592 정도의 값만으로 충분해요. 그러나 실제 원주율은 소수점 이하가 무한히 계속되는 수예요. 만약 화성, 목성 … 등 더 먼 행성까지의 거리를 계산하려면 보다 세밀한 값이 필요하겠지요.

$$\text{원주율}=\frac{\text{원둘레}}{\text{지름}}=3.1415926535\cdots\cdots$$

우리는 이것을 간단히 π(파이)로 표시해요. π는 그리스어에서 원주율을 나타내는 단어의 머리글자랍니다. π를 이용하면 원의 넓이는 πr^2으로 간단히 나타낼 수 있어요.

이렇게 우리가 배우는 다항식의 계산과 곱셈 공식은 모두 문자의 장점을 이용하고 있답니다.

개념다지기 문제 1 **전자기파는 다음 그림처럼 파장의 길이에 따라 적외선, 자외선, X선 등으로 분류할 수 있어요. 적외선 파장이 자외선 파장의 몇 배인지를 구하여 봅시다.**

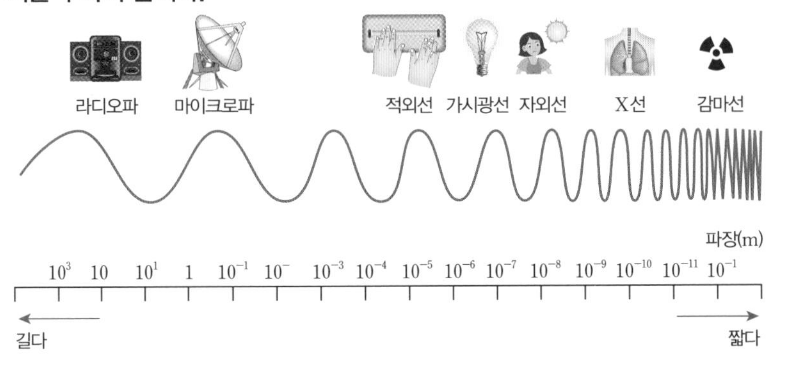

풀이

적외선의 파장은 10^{-5}m이고, 자외선의 파장은 10^{-8}m이므로 적외선의 파장을 자외선의 파장으로 나누면

$10^{-5} \div 10^{-8} = \dfrac{10^{-5}}{10^{-8}} = 10^{-5+8} = 10^{3}$이 됩니다.

따라서 적외선의 파장이 자외선의 파장의 1000배가 되는 것이지요.

개념다지기 문제 2 **한나의 부모님은 커피 전문점을 내려고 준비 중입니다. 그리고 내부 벽면은 옆의 그림과 같이 나무 소재로 꾸미려고 합니다. 소재에 따라 가격이 다르기 때문에 저렴하면서도 아름답고 조화로운 소재를 고르기 위해 고민 중이지요. 다음의 문제를 생각해 봅시다.**

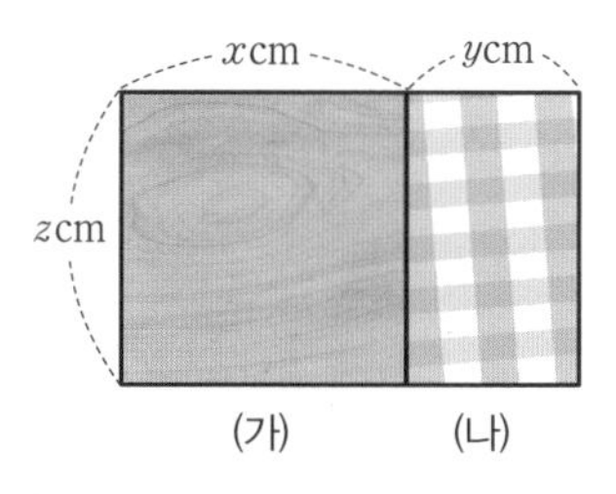

(1) (가)와 (나)의 넓이를 구해 보세요.

(2) 벽면 전체의 넓이를 구해 보세요.

풀이

(1) (가)의 넓이는 가로가 $x$cm이고, 세로가 $z$cm이므로 넓이는 xzcm^{2}이고, (나)의 넓이는 가로가 $y$cm이고, 세로가 $z$cm이므로 넓이는 yzcm^{2}입니다.

(2) 전체 벽면은 가로가 $(x+y)$cm이고, 세로가 $z$cm이므로 넓이는 $(x+y)z=(xz+yz)$cm^{2}입니다.

개념다지기 문제 3 **칠교판의 가장 작은 직각이등변삼각형의 빗변의 길이는 a, 나머지 변의 길이를 b라고 할 때 오른쪽 사다리꼴의 넓이를 구하여 볼까요?**

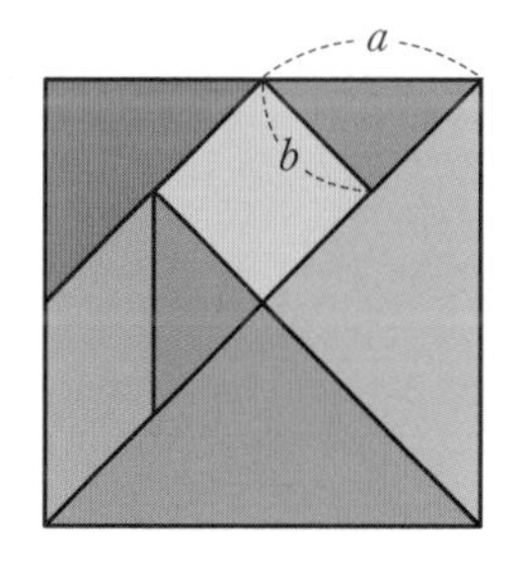

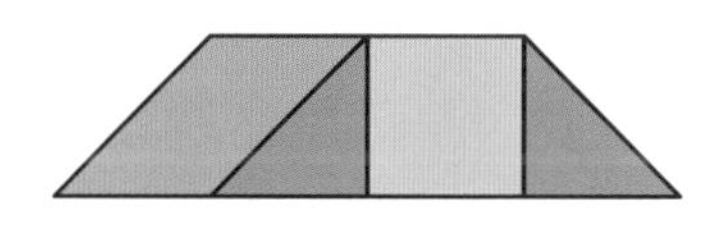

풀이

노란 정사각형은 보라색 삼각형의 2배 넓이이고, 파란 평행사변형도 보라색 삼각형의 2배 넓이랍니다. 보라색 삼각형 2개를 각각 노란 정사각형과 평행사변형 위에 올려놓으면 확인할 수 있어요. 따라서 사다리꼴 윗변의 길이는 $2b$, 아랫변의 길이는 $4b$, 높이는 b예요. 사다리꼴의 넓이는 (윗변+아랫변)×높이÷2이므로 $\frac{(2b+4b)\times b}{2}=\frac{6b^2}{2}=3b^2$입니다.

제3장

연립일차방정식

1. 방정식의 유래

일찍부터 동양에서는 세상 모든 것이 '음과 양' 두 요소로 되어 있다는 음양론을 믿었어요. 하늘에는 해와 달, 땅에는 남자와 여자가 짝을 이룬다는 식의 생각이지요. 음은 '－'이고 양은 '＋'인데 방정식은 －, ＋를 중심으로 하는 수학이에요. 방정식에서는 ＝를 중심으로 항의 자리를 ＝의 반대편에 옮기면 ＋가 －로 바뀌고, －는 ＋로 바뀌진답니다. 따라서 방정식은 음양론의 수학으로 생각할 수 있어요.

방정식의 방方은 사각형, 정程은 배열한다는 의미로, 식을 직사각형 모양이 되게 배열하고 푼다는 뜻이지요. 신라 시대의 수학책인 『구장산술』에는 여러 가지 수학 문제가 나와 있어요.

예를 들어 요즘 수학 문제인 $7x+2y=11$, $2x+8y=9$ 등을『구장산술』에서는 다음과 같은 과정으로 풀었어요.

7	2	11
2	8	9

먼저 식에 나온 숫자들을 나열한 후 산가지를 이용해 다음과 같이 나타냈어요.

(7)	(2)	(11)
(2)	(8)	(9)

당시에는 지금과 같은 숫자나 기호가 없었어요. 그래서 '산가지'라는 약 10센티미터 정도 크기의 대나무로 만든 막대를 사용해 계산했답니다.

지금 우리들이 사용하는 편리한 숫자와 기호를 가지고도 쉽게 풀기 어려운 문제인데, 옛날 수학자들은 산가지로 했으니 얼마나 번거로웠을까요? 한글을 만든 세종대왕도 방정식을 바로 이런 방법으로 공부했을 거예요. 하지만 여러분은 이제 편리한 숫자와 함께 대수로 방정식을 풀 테니까 세종대왕보다 훨씬 재미있고, 쉽고, 빠르고, 간단하게 문제 해결력을 기를 수 있답니다.

2. 연립방정식이란 무엇일까?

만두는 중국에서 유래된 음식이지만 조선 시대의 수학 문제에 등장하는 것을 보면 우리나라에서도 즐겨 먹었던 것으로 추측돼요. 조선 시대 후기의 산학자인 황윤석은 자신이 쓴 『이수신편』에서 만두의 분배 문제를 다음과 같이 언급했어요.

"어느 절에 스님이 100명, 만두가 100개 준비되어 있다. 큰 스님에게는 한 사람당 만두 3개씩을 나누어 주고, 작은 스님에게는 3명당 1개씩 나누어 주었다. 과연 큰 스님과 작은 스님은 각각 몇 명씩이었을까?"

생각 열기

만두 100개에 사람이 100명이므로 1개씩 나누면 공평하고 계산도 간단합니다. 초등학교 1학년생도 풀 수 있을 정도로 쉽지요. 하지만 문제는 불공평하게 나누는 데 있습니다. 문제를 보면 큰 스님은 만두 3개씩을 먹을 수 있고, 작은 스님은 만두 1개를 3명이 나누어 먹는다고 해요. 이 경우 큰 스님과 작은 스님은 각각 모두 몇 명인지를 구하는 문제입니다. 조선 시대 우리 조상들은 이 문제를 어떻게 풀었을까요?

연립방정식을 몰랐던 그 당시 사람들은 이렇게 생각했어요.

우선 큰 스님 1명과 작은 스님 3명이 만두를 모두 4개 먹은 셈이에요. 즉 4명이 4개의 만두를 먹었으므로 100을 4로 나누면 25개의 그룹이 생깁니다. 그래서 큰 스님은 25명이고, 작은 스님은 25명의 3배이므로 75명이라고 계산했답니다.

위 방법도 무척 지혜로운 풀이법이기는 하지만 특수한 경우에만 성립할 수 있어요. 모든 경우에 이 방법을 사용해 문제를 해결할 수는 없지요. 하지만 연립방정식을 도입하면 걱정할 필요가 없어요. 연립방정식은 이 문제처럼 두 가지 조건이 정해졌을 때, 두 조건을 동시에 만족하는 값을 찾는 방정식이랍니다.

연립방정식을 풀기 전에 먼저 식과 방정식의 차이점을 생각해 봐요. 식은 단항식과 다항식으로 구별되는 것 기억하죠?

예를 들어 $\frac{2x^2y}{3}$, $6a^3b^2$ 등은 단항식이고, $a-3b+8c$, $3x^2-x+2$ 등은 다항식입니다. 이처럼 식은 수 또는 문자가 곱과 덧셈으로 연결된 것이고, 방정식이란 '식$=0$'의 꼴로 표현된 것을 말하지요.

$x-3y+10z=0$이라는 식에서 x, y, z가 문자이므로 이 식은 미지수가 3개인 일차방정식이고, $3x^2-x+2=0$은 x만 문자이므로 미지수가 1개인 2차방정식이랍니다. 가령 $2x-3y=1$, $-x+7y=5$는 모두 미지수가 2개인 일차방정식이에요.

이처럼 미지수가 2개인 일차방정식 2개를 연립일차방정식이라고 불러요. 우리가 2개의 일차방정식을 동시에 만족하는 해를 구할 때 연립방정식을 푼다라고 말하지요.

약속

$ax+by+c=0$ 같은 식을 미지수가 x, y 2개인 일차방정식이라고 말한다.(a, b, c는 상수 $a\neq0$, $b\neq0$)

다시 만두 문제로 돌아가 미지수를 써서 방정식을 세우고 답을 구해 봐요. 큰 스님을 x명, 작은 스님을 y명이라고 놓으면 다음 두 식을 세울 수 있어요.

$$x+y=100 \quad \cdots\cdots ①$$

$$3x+\frac{1}{3}y=100 \quad \cdots\cdots ②$$

보다시피 일차방정식 2개가 생겼어요. 이제는 연립일차방정식을 풀기만 하면 돼요.

천천히 살펴보니 ②식에 있는 $\frac{1}{3}$을 자연수로 바꾸고 싶어요. 그래서 분모의 3을 없애기 위해 식 ② 전체에 3을 곱하였어요.

그럼 $9x+y=300$ ……③ 식을 얻어요.

이제 ①과 ③ 두 개의 식을 가지고 x를 구하기 위해 y를 제거해 봐요.

③에서 ①을 변끼리 빼 보면

$$\begin{array}{rl} & 9x+y=300 \\ -) & \underline{\ \ x+y=100} \\ & 8x \qquad =200 \end{array}$$

$\therefore\ x=25$

$x=25$를 ①에 대입하면

$25+y=100 \qquad \therefore\ y=75$

따라서 큰 스님은 25명, 작은 스님은 75명이 된답니다.

약속

조선 시대에는 수학자를 산학자算學者라고 불렀으며, 수학책은 산서算書라고 불렀다.

3. 연립방정식의 풀이법 이해

은주네 가족은 박물관으로 견학을 갔어요. 온 가족이 함께 버스에 탑승하기 위해 아버지의 교통카드로 버스 요금을 모두 계산하기로 했어요. 어른 x명, 어린이 y명이 버스를 탄다고 했을 때, 총 인원은 모두 7명이고 결제한 금액은 4950원이었어요. 이 상황을 x와 y에 관한 일차방정식으로 나타낸 다음 어른과 어린이가 각각 몇 명인지 생각해 봐요.

	어른	어린이
카드요금	1100원	550원

버스에 탑승한 인원이 모두 7명이므로

$x+y=7$ ……①

결제한 총 요금은

$1100x+550y=4950$ ……②

이를 간단히 정리하기 위해 양변을 550으로 나누면

$2x+y=9$ ……③

이때 x, y의 값이 자연수이므로 두 일차방정식 ①과 ③을 만족하는 해를 표로 만들면 다음과 같아요.

①

x	1	2	3	4	5	6
y	6	5	4	3	2	1

③

x	1	2	3	4
y	7	5	3	1

식 ①을 만족하는 해는 6쌍이고, 식 ③을 만족하는 해는 4쌍이에요. 그리고 두 표를 동시에 만족하는 순서쌍은 $(2, 5)$가 되어요. 즉 연립방정식 ①, ③의 공통 해는 $x=2$, $y=5$예요. 따라서 어른 2명, 어린이 5명이 구하고자 하는 답이랍니다.

이처럼 미지수가 2개인 두 일차방정식을 동시에 만족하는 해를 구하는 경우에는 두 일차방정식을 한 쌍으로 묶어서 생각해요. 예를 들어 다음과 같이 나타내요.

$$\begin{cases} x+y=7 & \cdots\cdots① \\ 3x+2y=18 & \cdots\cdots② \end{cases}$$

이를 미지수가 2개인 **연립일차방정식** 또는 간단히 **연립방정식**이라고 해요.

이때 두 개의 일차방정식을 동시에 만족하는 x, y의 값 또는 그 순서쌍 $(x,\ y)$를 연립방정식의 해라고 하며, 연립방정식의 해를 구하는 것을 **연립방정식을 푼다**라고 하지요.

개념다지기 문제 **x, y가 자연수일 때, 다음 연립방정식을 풀어 봐요.**

$$\begin{cases} x-y=2 & \cdots\cdots ① \\ 3x+y=18 & \cdots\cdots ② \end{cases}$$

풀이 일차방정식 ①의 해가 되는 $(x,\ y)$를 구하여 표로 나타내면 여러 쌍이 있어요. 그 가운데에서 연립방정식의 해가 될 만한 것을 고르면 다음과 같아요.

x	3	4	5	6	7
y	1	2	3	4	5

이번에는 일차방정식 ②의 해를 구하여 표로 나타내 봐요.

x	1	2	3	4	5
y	15	12	9	6	3

위 표를 보면 식 ①과 ②를 동시에 만족하는 해는 $x=5$, $y=3$이에요.

더 알아보기 **방정식의 해가 존재하는 조건은?**

문자가 두 개 있는 일차방정식 $x-y=4$를 생각해 봐요.
$(x=0,\ y=-4)$, $(x=1,\ y=-3)$, $(x=2,\ y=-2)$, …와 같이 여러 개의 답이 있어요. 이처럼 하나의 방정식에 답이 많이 있다는 것은 정확한 답이 없다는 것과 같아요.
일차방정식에는 반드시 x, y가 하나의 값으로 정해져야 해요. 문자가 두 개인 일차방정식을 풀기 위해서는 문자의 숫자만큼 2개의 식이 있어야 하지요. 만약 그렇지 않을 경우, 2개의 문자를 만족하는 답이 1개로 결정되지 않아요. 즉 미지수가 2개인 방정식을 풀기 위해서는 반드시 2개의 방정식이 필요하답니다.

4. 연립방정식의 풀이법 – 가감법

연립방정식의 풀이법에는 이름이 있어요. 이름이 있다는 것은 풀이법이 하나가 아니라는 뜻이기도 해요.

앞에서 해를 구할 때는 표를 만들어서 했어요. 이해하기는 쉽지만 매우 번거로운 것도 사실이에요. 모든 문제마다 표를 만들 수는 없는 일이지요! 그래서 풀이법이 아주 중요하답니다.

우선 **가감법**加減法에 대해 알아봐요. 한자의 뜻 그대로 더하기도 하고 빼기도 하면서 x, y를 구하는 방법이에요.

다음의 연립방정식을 풀어 볼까요?

$$\begin{cases} x-y=2 & \cdots\cdots① \\ 3x+y=18 & \cdots\cdots② \end{cases}$$

이 경우에는 ①과 ②를 좌변은 좌변끼리, 우변은 우변끼리 더해 주면 돼요. 두 식을 잘 살펴보면 ①식에는 $-y$가 있고, ②식에는 $+y$가 있어요. 즉 두 식을 변끼리 더하면 y가 없어진답니다!

$(x-y)+(3x+y)=2+18$이므로 y는 없어지고

$4x=20$ $\quad\therefore x=5$

그런 다음 $x=5$를 식 ①에 대입하면

$5-y=2$ $\quad\therefore y=3$이 돼요.

약속

미지수가 2개인 연립방정식에서 한 미지수를 없애는 것을 그 미지수를 소거한다고 말한다. 두 방정식을 변끼리 더하거나 빼어서 한 미지수를 소거하여 해를 구하는 방법을 가감법이라고 한다.

5. 연립방정식의 풀이법－대입법

이번에는 연립방정식의 풀이법 가운데 대입법을 알아봐요. 여기서 대입법代入法은 대신 넣는다는 뜻이지요.

가령 다음과 같은 연립방정식이 있다고 해 봐요.

$$\begin{cases} x=3y+1 & \cdots\cdots① \\ 2x+y=9 & \cdots\cdots② \end{cases}$$

문제를 보고 우선 가감법으로 풀 수 있을지 가늠해 보세요. 어때요? 이 문제는 가감법으로 잘 안 될 것 같은 예감이 들죠? 변끼리 더하더라도 x와 y 모두 소거할 수가 없어요. 그럼 이제 대입법을 한번 생각해 봐요.

먼저 식 ①을 ②에 대입합니다. 식 ①을 ②에 대입한다는 것은 x자리에 $3y+1$을 통째로 집어넣는 것이라고 생각하면 돼요.

$$2\times(3y+1)+y=9$$

$$6y+2+y=9$$

$$7y=7$$

$$y=1$$

따라서 $y=1$을 ①에 대입하면

$$x=3\times1+1=4$$

그러므로 연립방정식의 해는 $x=4$, $y=1$입니다.

약속

연립방정식의 한 방정식을 다른 방정식에 대입하여 미지수 하나를 소거한 후 해를 구하는 방법을 대입법이라고 부른다.

6. 계수가 복잡한 연립방정식의 풀이법

아래와 같이 방정식의 계수가 1보다 작은 소수나 분수일 때는 어떻게 풀면 좋을까요?

(1) $\begin{cases} 0.5x+0.3y=1.2 \\ 0.02x+0.01y=0.05 \end{cases}$　　(2) $\begin{cases} \dfrac{1}{5}x+\dfrac{1}{2}y=-\dfrac{3}{10} \\ -\dfrac{1}{3}x+\dfrac{1}{2}y=-\dfrac{5}{6} \end{cases}$

이럴 때는 먼저 소수와 분수를 없애 정수로 만들면 계산이 편해져요.

식 $0.5x+0.3y=1.2$의 계수를 정수로 만들려면 양변에 10을 곱해요. 신기하게도 계수가 정수로 예쁘게 정리되어서 $5x+3y=12$로 변했어요.

$0.02x+0.01y=0.05$의 양변에는 100을 곱하여 깔끔하게 계수를 정수로 만들어요. 그럼 $2x+y=5$로 변신을 했어요.

식 $\frac{1}{5}x+\frac{1}{2}y=-\frac{3}{10}$은 분모의 최소공배수 10을 곱하여 분모를 없애요. 그럼 $2x+5y=-3$으로 변했어요.

이런 식으로 계수를 정수로 만든 후에 가감법이나 대입법으로 해결을 하면 문제가 쉽게 풀린답니다.

이제 위의 연립방정식 문제들을 풀어 봐요.

(1) $\begin{cases} 0.5x+0.3y=1.2 \\ 0.02x+0.01y=0.05 \end{cases}$　　(2) $\begin{cases} \dfrac{1}{5}x+\dfrac{1}{2}y=-\dfrac{3}{10} \\ -\dfrac{1}{3}x+\dfrac{1}{2}y=-\dfrac{5}{6} \end{cases}$

풀이

(1) $\begin{cases} 0.5x+0.3y=1.2 & \cdots\cdots ① \\ 0.02x+0.01y=0.05 & \cdots\cdots ② \end{cases}$

①의 양변에 10을 곱하고, ②의 양변에는 100을 곱합니다. 그러면

$\begin{cases} 5x+3y=12 & \cdots\cdots ③ \\ 2x+y=5 & \cdots\cdots ④ \end{cases}$

이제 가감법이나 대입법을 생각해요. 이 문제는 가감법보다는 대입법이 좋아요.

④를 y에 관하여 풀면 $y=-2x+5$ ……⑤

⑤를 ③에 대입하면 $5x+3\times(-2x+5)=12$

이 식을 정리하면 $-x=-3$

$\therefore x=3$

$x=3$을 식 ⑤에 대입하면 $y=-2\times3+5=-1$

따라서 구하는 해는 $x=3$, $y=-1$이 됩니다.

답 $x=3$, $y=-1$

풀이

(2) $\begin{cases} \frac{1}{5}x+\frac{1}{2}y=-\frac{3}{10} & \cdots\cdots ① \\ -\frac{1}{3}x+\frac{1}{2}y=-\frac{5}{6} & \cdots\cdots ② \end{cases}$

①의 양변에 분모의 최소공배수 10을 곱하고,

②의 양변에 분모의 최소공배수 6을 곱하면

$$\begin{cases} 2x+5y=-3 & \cdots\cdots③ \\ -2x+3y=-5 & \cdots\cdots④ \end{cases}$$

가감법을 사용하여 ③과 ④를 변끼리 더하면 $8y=-8$

$\therefore y=-1$

$y=-1$을 ③에 대입하면 $2x+5\times(-1)=-3$

$\therefore x=1$

답 $x=1,\ y=-1$

약속

연립방정식에서 방정식의 계수가 소수일 때는 양변에 10의 거듭제곱을 적당히 곱하여 두 방정식의 계수를 모두 정수로 바꾼다. 만약 계수가 분수일 때에는 방정식의 양변에 분모의 최소공배수를 곱하여 푼다.

7. 연립방정식의 활용

동양에서 가장 오래된 수학책인 『구장산술』은 중국 한나라 때 유휘라는 사람이 엮은 책이에요. 우리나라에서는 신라 시대부터 사용했지요. 이 책은 총 9장으로, 모두 264문제가 실려 있고, 제8장이 방정方程장이에요.

여러분은 방정식을 현대인들만이 푸는 문제로 생각할지 모르지만, 우리 선조들도 조정에서 관리로 일을 하려면 『구장산술』을 공부해서 활용해야 했어요.

잠시 타임머신을 타고 과거로 시간여행을 떠나 조상들이 다루었던 수학 문제를 탐구해 볼까요?

생각 열기

상급벼가 7단이 있다. 거기서 나오는 벼의 양을 1말 줄이고, 하급벼 2단으로 채우면 벼의 양이 모두 10말이 된다고 한다. 또한 하급벼가 8단이 있는데 거기에 벼 1말과 상급벼 2단을 섞으면 벼가 10말이 된다고 한다. 상급벼 1단과 하급벼 1단에서 나오는 알곡은 각각 얼마일까?

위 문제에서 구하고자 하는 상급벼 1단의 알곡을 x라 하고, 하급벼 1단의 알곡을 y라고 해요. 그런 다음 위 문제에 맞게 식을 세우면

$7x-1+2y=10$ ……① (상급벼가 7단이므로 $7x$, 1말을 줄였으므로 -1, 하급벼가 2단이므로 $2y$)

$2x+8y+1=10$ ……② (상급벼가 2단이므로 $2x$, 하급벼 8단은 $8y$, 1말을 합하였으므로 $+1$)

①과 ②에서 왼쪽의 상수항을 오른쪽으로 이항하면

$7x+2y=11$ ……③

$2x+8y=9$ ……④

자, 이제 할 일은 가감법일까요, 아니면 대입법일까요? 두 방법 모두 계산하기에는 시간이 조금 걸릴 것 같아요. 만약 가감법으로 한다면 y를 소거하는 것이 좋아요. 왜냐하면 y의 계수가 2와 8이므로 식 ③에다 4를 곱하면 y를 소거할 수 있기 때문이지요.

반면에 x를 소거하려면 계수 2와 7의 공배수는 14이고, 14를 만들기 위해서는 식 ③에다 2를 곱하고, 식 ④에다 7을 곱해야 해요. 당연히 한 번 곱하는 방식을 선택하는 것이 좋겠지요?

식 ③에 4를 곱하면

$28x+8y=44$ ……⑤

$2x+8y=9$ ……④

식 ⑤에서 식 ④를 빼면

$26x=35 \qquad \therefore x=\frac{35}{26}\approx 1.3$

$x=\frac{35}{26}$를 식 ④에 대입하면

$y=\frac{41}{52}\approx 0.8$이 돼요.

즉 상급벼 1단을 탈곡하면 알곡이 1말 3되 정도가 되고, 하급벼를 탈곡하면 알곡 8되 정도가 된다는 뜻이지요.

여러분들은 방정식의 답이 정수로 딱 떨어지는 문제만 주로 풀지만, 옛날 우리 조상들은 이처럼 소수로 나오는 문제도 산가지를 이용하여 풀 수 있었어요. 어때요, 정말 대단하죠?

개념다지기 문제 1 **다음은 조선 시대에 인기가 높았던 수학책 『산법통종』에 실린 문제입니다.**

> "술집에 호주와 박주가 있다. 호주는 1병 마시면 3명이 취하고, 박주는 3병 마셔야 1명이 취한다. 호주와 박주를 합해 19병이 있는데 모두 33명이 마시고 취했다면 호주와 박주는 각각 몇 병이 있었는가?"

풀이 주막에서 벌어진 일이 상상되나요? 조선 시대에는 청소년의 음주 제한이 없었어요. 10대에 장가를 들어 성인이 되었으니 주막에 자유롭게 드나들 수도 있었지요.

호주는 중국술이라는 뜻으로 도수가 높은 독한 고량주를 일컫는 말이며, 박주는 막걸리처럼 도수가 낮은 술을 뜻합니다. 남에게 대접하는 술을 겸손하게 이르는 말이기도 하지요.

이제 구하고자 하는 호주의 수를 x병, 박주의 수를 y병이라고 해봐요.

$$x+y=19 \cdots\cdots ①$$

호주는 1병 마시면 3명이 취한다고 하는데, 바꾸어 말하면 3명이 1병을 마시면 취한다는 뜻이지요. 또 박주는 3병을 마셔야 1명이 취한다고 했으니 1명이 3병을 마셔야 취한다는 말이랍니다.

$$\frac{1}{3}x+3y=33 \cdots\cdots ②$$

②에 있는 분수를 정수로 만들기 위해 식에 3을 곱하면

$$x+9y=99 \cdots\cdots ③$$

③에서 ①을 변끼리 빼면

$$8y=80 \qquad \therefore y=10$$

$y=10$을 ①에 대입하면

$$x+10=19 \qquad \therefore x=9$$

따라서 호주는 9병, 박주는 10병이 나옵니다.

약속

연립방정식 문제를 해결하는 순서

(1) 문제의 뜻을 파악한 뒤, 구하고자 하는 것을 미지수 x, y로 놓는다.

(2) 문제의 뜻에 알맞게 연립방정식을 세운다.

(3) 연립방정식을 풀어 x, y의 값을 구한다.

(4) 구한 해가 문제의 뜻에 맞는지 확인한다.

개념다지기 문제 2 **민수는 토요일에 동아리 친구들과 등산을 갔습니다. 산을 올라갈 때는 2km/h의 속도로 걸었고, 내려올 때는 6km가 더 긴 능선을 타고 경치를 즐기면서 3km/h의 속도로 내려왔어요. 도착하고 보니 등산하는 데 걸린 시간은 모두 7시간이었어요. 올라갈 때와 내려올 때 걸은 거리는 각각 몇 km일까요?**

풀이 수학 문제를 풀 때는 문제의 내용을 그림으로 나타내면 식을 세우는 데 훨씬 수월해요. 올라간 거리를 $x$km, 내려온 거리를 $y$km라고 해 봐요.

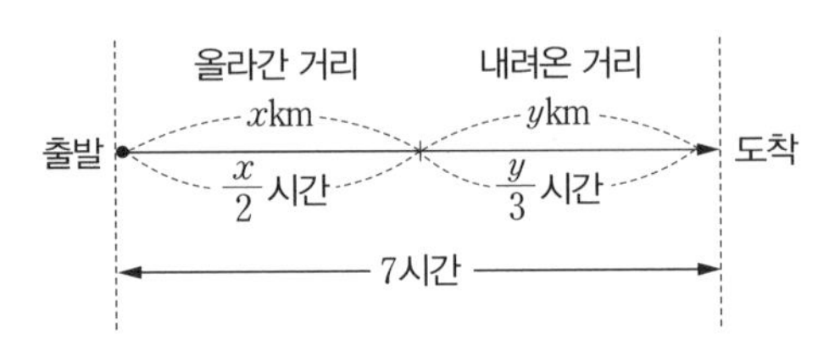

다시 말해서 올라간 시간은 $\frac{x}{2}$이고, 내려간 시간은 $\frac{y}{3}$예요. 두 시간을 모두 합하면 7시간이지요.
또 하나의 조건은 내려온 길이 올라간 길보다 6km가 더 길었다는 거예요. 따라서 우리는 다음과 같이 식을 세울 수 있어요.

$$y=x+6 \qquad \cdots\cdots①$$

$$\frac{x}{2}+\frac{y}{3}=7 \qquad \cdots\cdots②$$

자, 이제 식을 다 세웠으니 방정식을 풀어야겠죠?
먼저 생각해 볼 것은 가감법! 그런데 계수가 복잡한 식 ②를 보니 왠지 가감법은 안 좋을 것 같죠? 이번 문제는 대입법을 사용해 봐요.
식 ②에 분모 2와 3의 최소공배수인 6을 곱해 보아요.

$$y=x+6 \quad \cdots\cdots①$$

$$3x+2y=42 \quad \cdots\cdots③$$

식 ③의 y에 ①을 대입해 보면

$3x+2(x+6)=42$

$5x+12=42$ (∵ 괄호를 풀고 계산)

$5x=30$ (∵ 12를 이항하여 $42-12=30$)

$\therefore x=6$

그러면 $y=x+6=12$를 얻을 수 있어요.

자, 이제 마지막으로 해야 될 일은? 바로 문제의 뜻에 맞게 구한

답을 해석해야 하는 일입니다. 즉 민수가 올라간 길은 6km, 내려온 길은 12km입니다.

8. 옛날 바빌로니아의 연립방정식 해법

우리 친구들은 연립방정식 문제를 풀 때는 여러 개의 풀이법을 사용할 수 있음을 알았어요. 지금부터 약 3000년 전인 바빌로니아에서도 다음과 같이 문제를 풀었답니다.

문제 **'가'와 '나', 두 개의 땅이 있다. '가'의 농지에서는 1m^2당 $\frac{2}{3}$kg의 곡물을 수확할 수 있고, '나'의 땅에서는 1m^2당 $\frac{1}{2}$kg의 곡물을 수확한다. '가' 땅에서 수확한 것이 '나'에서 수확한 것보다 500kg 더 많다. '가'와 '나', 두 땅을 합하면 1800m^2일 때 '가'와 '나'의 땅 넓이는 각각 얼마인가?**

아마 여러분들은 다음과 같은 연립방정식을 만들어서 이 문제를 풀 거예요.

'가'의 땅 넓이를 $x\text{m}^2$, '나'의 땅 넓이를 $y\text{m}^2$라고 해요.

$$\begin{cases} \frac{2}{3}x-\frac{1}{2}y=500 \\ x+y=1800 \end{cases}$$

하지만 고대 바빌로니아에는 기호도 없었고, 그 당시 사람들은 이처럼 간단한 방법도 몰랐어요. 그래서 우선 '가'와 '나'의 땅 넓이를 똑같이 $900m^2$로 잡고 수확량의 차이를 계산했어요.

$$900 \times \frac{2}{3} - 900 \times \frac{1}{2} = 150$$

그러나 실제 차이는 500kg이 되어야 해요. 만약 '가'의 넓이를 $1m^2$ 늘리고 '나'의 넓이를 $1m^2$만큼 줄이면 $\frac{2}{3} + \frac{1}{2} = \frac{7}{6}$(kg)만큼씩 수확량의 차이가 생겨요. 즉 수확량을 350kg 늘리기 위해서는 $350 \div \frac{7}{6} = 300m^2$만큼 늘리고 줄이면 된답니다.

따라서 '가'의 넓이는 $900 + 300 = 1200m^2$이고, '나'의 넓이는 $900 - 300 = 600m^2$가 되지요.

옛날 수학자들은 우리 친구들처럼 간단한 해법을 몰랐으니 이처럼 어려운 방법으로 풀 수밖에 없었어요. 그래서 그 당시에는 수학자들이 무척 존경을 받았고 때로는 신에 가까운 존재로 생각되기도 했지요. 그러니 이미 여러 개의 해법을 익힌 우리 친구들은 '슈퍼 신'이라는 자부심을 가져도 좋겠어요!

개념다지기 문제 1 다음 문장을 미지수가 2개인 일차방정식으로 나타내어봅시다.

> 어느 수목원의 입장료가 성인 2000원, 어린이 1000원일 때 성인 x명, 어린이 y명이 입장하기 위해 지불한 금액은 9000원이었다.

풀이 방정식을 세우면 $2000x+1000y=9000$이 되어요.

개념다지기 문제 2 조선 영조때 홍대용이 쓴 수학책 『주해수용』에는 다음과 같은 문제가 있어요.

> "어떤 사람들이 물건을 사려고 하는데 한 사람이 5냥씩 돈을 내면 6냥이 남고, 한 사람이 3냥씩 돈을 내면 4냥이 모자란다. 이때 사람의 수와 물건의 가격을 각각 구해 보시오."

풀이 구하고자 하는 사람의 수는 x명, 물건 값을 y냥이라고 정해요. 그럼 5냥씩 내었을 때 물건 값을 다 내고도 6냥이 남는 경우는 $5x=y+6$이 됩니다. 또 3냥씩 내면 물건 값에서 4냥이 모자르므로 $3x=y-4$가 되지요. 즉 두 식을 다음과 같이 놓고 연립방정식을 풀기만 하면 돼요.

$$5x=y+6 \quad \cdots\cdots ①$$
$$3x=y-4 \quad \cdots\cdots ②$$

①에서 ②를 빼면 $2x=10$ $\quad \therefore x=5$

①의 x에 5를 대입하면 $y=5\times5-6=19$가 되어요.

따라서 사람은 5명이고, 물건 가격은 19냥입니다.

개념다지기 문제 3 **오늘은 진성이가 늦잠을 잤어요. 등교 시간이 오전 8시 30분인데, 집에서 학교까지의 거리는 1km예요. 오전 8시에 집에서 출발하여 분속 45m로 걷다가, 숨이 차서 속도를 줄여 분속 30m로 걸었더니 8시 25분에 학교에 도착했어요. 진성이가 분속 45m로 간 거리와 분속 30m로 간 거리를 구하여 봅시다.**

풀이 분속 45m로 간 거리를 xm, 분속 30m로 간 거리를 ym라 하고, 1km를 m로 고치면

$$x+y=1000 \qquad \cdots\cdots①$$

시간$=\frac{\text{거리}}{\text{속력}}$이므로 학교를 가는 데 걸린 총 시간은

$$\frac{x}{45}+\frac{y}{30}=25 \qquad \cdots\cdots②$$

②식의 분모를 없애기 위해 30과 45의 최소공배수 90을 곱해요. 그러면

$$2x+3y=2250 \qquad \cdots\cdots③$$

①을 y에 관하여 정리하면

$$y=-x+1000 \qquad \cdots\cdots④$$

④를 ③에 대입하면

$$2x+3(-x+1000)=2250$$

$$\therefore x=750$$

$x=750$을 ①에 대입하면 $\therefore y=250$

따라서 진성이가 학교에 갈 때 분속 45m로 간 거리는 750m, 분속 30m로 간 250m입니다.

제4장 일차부등식

1. A≠B는 무슨 뜻일까?

돌이 갓 지난 아기들도 과자를 받을 때 큰 것과 작은 것을 주면 금방 알아차리곤 해요. 무엇이든지 눈앞에 두 개의 물체가 있을 때, 무의식중에 '같은 것일까? 아니면 다른 것일까?'를 따지는 것은 인간에게 비교하는 본능이 있기 때문이지요. 그래서 초등학교 수학에서도 '='를 중요하게 생각해요. 2+3=5와 같이 '='가 성립하는 것을 공부했답니다. 이제는 '='가 성립되지 않는 '부등(같지 않음)'을 배울 차례예요.

좌변과 우변이 같지 않은 식을 무엇이라고 불러야 할까요? 대부분의 친구들은 부등식이라고 답할 거예요. 그러나 이 대답이 100퍼센트 정확한 것은 아니에요.

예를 들어 2와 5는 같지 않고, $8-2$는 5와 같지 않아요.

$$2 \neq 5$$

$$8-2 \neq 5$$

사선 '/'은 '아니다'라는 뜻이고 '$=$' 위에 '/'을 쓴 '$\neq$'은 '같지 않다'라는 뜻이랍니다. 그러나 수학의 부등식은 다음처럼 부등호 ($<$ 또는 $>$)로 묶은 식을 말해요.

$$3<5$$

$$5+2>6$$

$$x<2+6$$

그러면 =와 /이 겹친 식 $\neq$을 무엇이라 말할까요? 보통 식을 정의하는 이름이 많지만 이 식은 특별한 말 대신 '같지 않다'라고만 읽어요.

가령 $3 \neq 5$는 '3은 5와 같지 않다' 또는 $6 \neq 2+8$은 '$2+8$은 6이 아니다'라고 말해요. 부등식이 성립하는 조건을 구하는 일은 등식의 경우와 마찬가지로 '부등식을 푼다'라고 하지요. 방정식과 부등식은 다음과 같이 분류해요.

- 식
  - 등식
    - 항등식
    - 방정식
  - 부등식

(식 : 수와 문자가 결합되어 있는 것
등식 : 양변이 $=$로 묶여 있는 것
부등식 : 두 항이 $<$ 또는 $>$으로 묶여 있는 것)

2. 부등호의 편리함

2012년 여름은 유난히 더웠어요. 특히 8월의 큰 태풍은 자연 앞에 인간의 무력함을 깨닫게 하였지요. 수철이의 스마트폰에는 태풍을 대비하라는 친구들의 메시지가 전달되기도 했어요.

수철이는 그후 태풍에 대하여 새로운 사실을 알게 되었어요. 바람의 속도가 보통 초속 17m/s 이상을 태풍이라고 하는데 최대 풍속에 따라 4가지로 분류한대요.

약한 태풍은 17m/s 이상부터 25m/s 미만
중간 태풍은 25m/s 이상부터 33m/s 미만
강한 태풍은 33m/s 이상부터 44m/s 미만
매우 강한 태풍은 44m/s 이상입니다.

스마트폰으로 전달된 글이 복잡했기 때문에 수철이는 부등호를 사용하여 깔끔하게 정리해 보았어요.

우선, 바람의 속도를 문자 x로 정하였어요.

약한 태풍 : $17\text{m/s} \le x < 25\text{m/s}$
중간 태풍: $25\text{m/s} \le x < 33\text{m/s}$
강한 태풍: $33\text{m/s} \le x < 44\text{m/s}$
매우 강한 태풍: $x \ge 44\text{m/s}$

동생이 m/s가 무슨 뜻이냐고 묻기에, 수철이는 m은 미터meter, s는 초second를 의미한다고 답해 주면서 으쓱했어요.

사실 수학에 등장하는 많은 기호들을 다 기억하기는 힘들지만, 그 기호들이 우리의 생각을 정리해 주는 편리한 도구임에는 틀림없답니다.

어? 그런데 우리 친구들! '이상'에는 '≤'을 '미만'에는 '<'을 사용하였는데 그 차이점을 알고 있나요?

자, 이제부터는 부등호의 종류를 배우고 그 차이점과 부등식의 위력을 공부해 봐요.

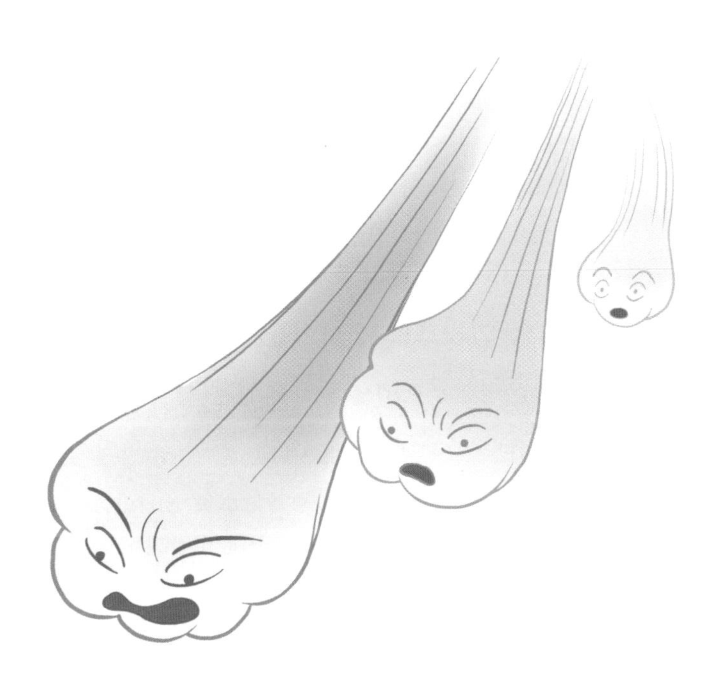

3. 부등식과 해

낮 최고 기온이 30℃ 이상이고, 밤 최저 기온이 25℃ 이상일 때는 열대 지방에서처럼 밤에 잠을 자기가 힘들어요. 그런 더운 여름밤을 열대야라고 말하지요. 2000년 이후 우리나라는 여름만 되면 열대야가 나타나는 일이 점점 많아지고 있어요.

열대야는 오후 6시부터 다음 날 오전 9시까지 기온을 측정해서 정해요. 밤 최저 기온을 x℃라고 할 때, 열대야의 온도는 부등호를 사용하면 '$x \geq 25$℃'와 같이 간단히 나타낼 수 있어요.

이처럼 부등호를 사용하여 수 또는 식의 대소 관계를 나타낸 식을 **부등식**이라고 합니다. 식과 마찬가지로 부등호의 왼쪽 부분을 **좌변**, 오른쪽 부분을 **우변**이라 하고, 좌변과 우변을 통틀어 **양변**이라고 하지요. 식은 등호(=)를 쓰고, 부등식은 부등호를 쓰는데 부등호에는 모두 4종류가 있어요. 바로 ≥, >, <, ≤가 있지요.

예를 들어 "내 나이는 동생보다 10살 더 많다."를 부등호를 사용하여 식으로 표현하면 '나의 나이≥동생 나이+10'이 되어요. 하지만 수학에서는 수 대신 문자를 사용해요. 문자의 필요성은 이미 앞에서 배웠지요. 그러므로 내 나이를 x, 동생 나이를 y라는 문자로 놓으면 위 말은 $x \geq y+10$으로 표현된답니다.

만일, 명절에 세뱃돈을 받았는데 내 돈(x)이 동생의 돈(y)보다 같거나 많다면 $x \geq y$로 표시할 수 있어요. 물론 이 경우에 $y \leq x$로 표시할 수도 있지만 보통 큰 쪽을 좌변에 쓰는 것이 편리하답니다.

약속

$<$: 좌변이 우변보다 작을 때

$\leq$: 좌변이 우변보다 작거나 같을 때

$>$: 좌변이 우변보다 클 때

$\geq$: 좌변이 우변보다 크거나 같을 때

즉 $\leq$는 $<$와 $=$를 합한 기호이며, $\geq$는 $>$와 $=$를 합한 기호이다.

이상과 이하는 $\geq$ 또는 $\leq$의 기호를 사용하고, 미만과 초과는 $<$ 또는 $>$를 사용한다.

생각 열기

민수네 가족이 놀이동산에 갔어요. 민수와 동생은 바이킹을 타려고 줄을 섰는데, 막내 동생이 그만 울음을 터트리고 말았어요. 입구에 '140cm 이상 탑승 가능'이라는 팻말이 있었기 때문이지요. 막내 동생의 키는 135cm였어요. 막내 동생이 바이킹을 타려면 얼마나 더 커야 할까요?

이 문제를 부등식으로 나타내어 보면 $135+x \geq 140$이 되어요. 막내의 키가 4cm 컸다면 $135+4=139$(cm)가 되지만 140cm보다 작으므로 여전히 놀이기구를 탈 수 없어요. 그럼 막내가 최소한 몇 $x$cm가 커야 바이킹을 탈 수 있을지 한번 구해 봐요.

값이 자연수일 때, $135+x \geq 140$을 참이 되게 하는 x의 값을 구하면 다음과 같아요.

$x=1$일 때, $135+1=136<140$이므로 (거짓)

$x=2$일 때, $135+2=137<140$이므로 (거짓)

$x=3$일 때, $135+3=138<140$이므로 (거짓)

$x=4$일 때, $135+4=139<140$이므로 (거짓)

$x=5$일 때, $135+5=140=140$이므로 (참)

$x=6$일 때, $135+6=141>140$이므로 (참)

⋮

따라서 막내는 최소한 5cm 이상 커야 바이킹을 탈 수 있어요.

이와 같이 미지수 x가 있는 부등식을 만족시키는 x의 값을 부등식의 해라 하고, 부등식의 해를 모두 구하는 것을 부등식을 푼다라고 합니다.

개념다지기 문제 **자연수 x가 취할 수 있는 범위가 $0 \leq x < 4$일 때, 부등식 $4x+2>x+7$을 풀어 봐요.**

풀이 주어진 부등식의 x에 1, 2, 3을 대입하여 좌변과 우변의 값과 비교해요. x는 0보다 같거나 큰 수인 동시에 자연수여야 하므로 0은 제외돼요. 다음 경우를 계산해 보면

$x=1$일 때 $4\times1+2>1+7$, $6<8$이므로 (거짓)

$x=2$일 때 $4\times2+2>2+7$, $10>9$이므로 (참)

$x=3$일 때 $4\times3+1>3+7$, $13>10$이므로 (참)

따라서 부등식 $4x+2>x+7$의 해는 2, 3입니다.

4. 부등식의 성질

무게가 다른 2종류의 구슬 a, b를 접시저울에 올려놓았어요.

저울이 구슬 b쪽으로 기울었다면 당연히 구슬 b가 a보다 더 무겁겠지요? 이 결과를 부등호를 사용하면 $a<b$로 간단히 나타낼 수 있어요.

양쪽 접시에 똑같은 구슬 c를 각각 하나씩 올려놓아도 저울의 기울기는 바뀌지 않으므로 $a+c<b+c$가 되어요.

예를 들어 다음과 같은 좌표를 생각해 봐요.

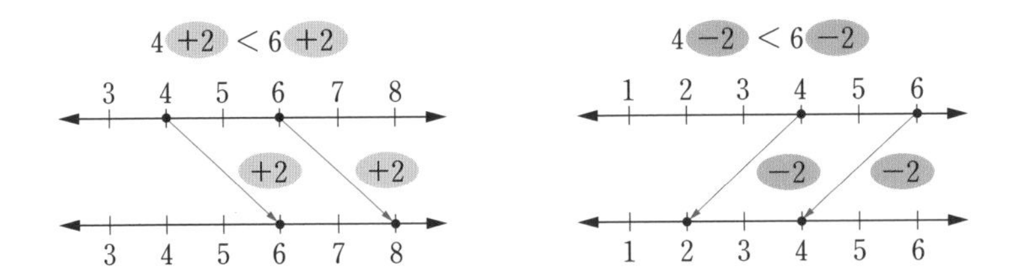

4는 6보다 눈금이 2칸 왼쪽에 있어요. 즉 '$4<6$'이 성립합니다. 부등식의 양변에 2를 더하면 $4+2<6+2$는 $6<8$이므로 역시 부등호의 방향은 바뀌지 않아요. 즉 부등식의 양변에 같은 수를 더하여도 부등호의 방향은 바뀌지 않습니다. $4-2<6-2$도 그림과 같이 부등호의 방향은 바뀌지 않지요.

즉 부등식의 양변에 같은 수를 더하거나 빼어도 부등호의 방향은 바뀌지 않는다는 걸 알 수 있어요.

자, 이제는 '$4<6$'에다 2를 곱하고 또 나누어 볼까요?

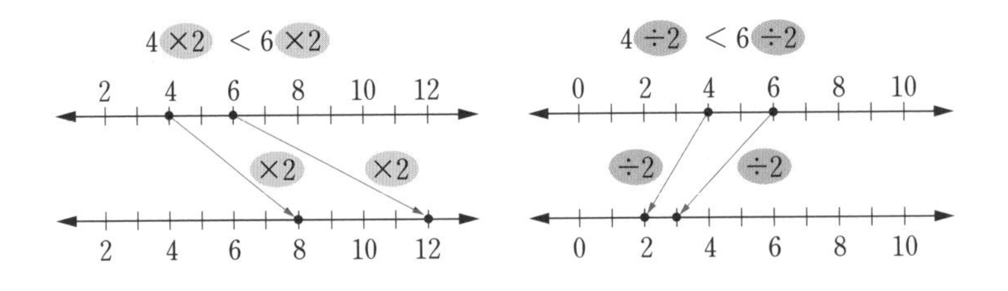

$4\times2<6\times2$는 $8<12$이므로 이번에도 부등호의 방향은 바뀌지 않아요. 또한 $4\div2<6\div2$는 $2<3$이므로 부등호의 방향은 바뀌지 않지요. 다시 말해서 부등식의 양변에 같은 양수를 곱하거나 나누어도 부등호의 방향은 바뀌지 않아요. 단, 여기서 주목할 것은 바

로 양수라는 것이랍니다!

그럼 음수일 경우에는 다를까요? 맞아요. 음수를 곱하거나 나눌 때는 부등호의 방향이 바뀐답니다. 한번 직접 계산해 볼까요?

먼저 '$4<6$'에다 '-2'를 곱하고 또 나누어 봐요.

$4\times(-2)<6\times(-2)$는 $-8>-12$이므로 부등호의 방향이 바뀌었어요. 또 $4\div(-2)<6\div(-2)$는 $-2>-3$이므로 이번에도 부등호의 방향이 바뀌었지요. 아하! 부등식의 양변에 같은 음수를 곱하거나 나누면 부등호의 방향은 바뀐답니다!

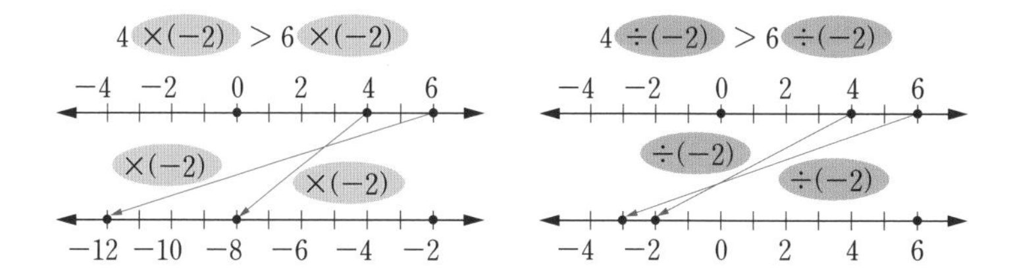

약속

부등식의 기본 성질

① $a<b$이면 $a+c<b+c$, $a-c<b-c$

② $a<b$, $c>0$이면 $ac<bc$, $\frac{a}{c}<\frac{b}{c}$

(c가 양수이므로 부등호 방향은 그대로!)

③ $a<b$, $c<0$이면 $ac>bc$, $\frac{a}{c}>\frac{b}{c}$

(c가 음수이므로 부등호 방향이 반대로!)

5. 일차부등식의 풀이와 그 활용

우리나라 철도에서 경부선과 호남선이 교차하는 교통의 요충지는 대전역입니다. 대전에 사는 수진이는 쉬는 토요일에 부산 외갓집으로 향했어요. 수진이네 아빠는 서울로 출장을 가게 되어서 함께 대전역으로 갔지요.

대전에서 100km/h인 부산행 새마을열차와 200km/h인 서울행 KTX가 동시에 출발한다면, 수진이가 탄 새마을 열차와 아빠가 탄 KTX는 몇 분 후에 거리가 120km 이상으로 멀어질까요? (단, 여기에서 기차의 길이는 생각하지 않기로 해요.)

대전역에서 동시에 출발하여 달린 시간을 x시간이라 하면, (거리)=(속력)×(시간)이므로 KTX가 달린 거리는 $200x$, 새마을열차가 달린 거리는 $100x$가 돼요. 두 열차의 벌어진 거리가 120km 이상 되어야 하므로

$$300x \geq 120$$

양변을 300으로 나누면

$$\frac{300}{300}x \geq \frac{120}{300}$$

$$x \geq \frac{12}{30} = 0.4$$

1시간은 60분이므로 0.4×60=24(분)이 돼요. 즉 24분이 지난 뒤부터 두 기차의 거리는 120km 이상으로 멀어지게 된답니다.

약속

부등식의 모든 항을 좌변으로 이항하여 정리한 식이 (일차식)<0, (일차식)>0, (일차식)≤ 0, (일차식)≥ 0 중에서 어느 하나의 꼴로 나타나는 부등식을 일차부등식이라고 한다.

개념다지기 문제 1 **다음 부등식을 풀고, 그 해를 수직선 위에 나타내어 봅시다.**

(1) $x+5>8$

(2) $4x-3\le 13$

풀이

(1) 부등식의 양변에서 5를 빼면 $x+5-5>8-5$예요. 그런데 왜 5를 빼었을까요? 바로 좌변에 x만 남기기 위해서랍니다.

$\therefore x>3$

즉 x는 3보다 큰 모든 실수를 의미합니다.

이때 3은 포함되지 않기 때문에 수직선 위에서 점 3을 제외해야 한다는 것을 주의해야 해요. 이 문제를 수직선 위에 표시하면 다음과 같아요.

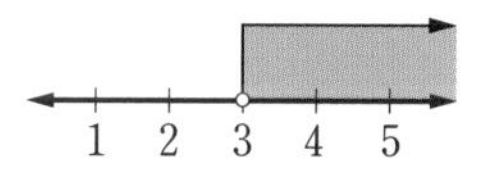

(2) 부등식의 양변에 3을 더해 $4x$만 남겨요.

$4x-3+3\le 13+3$

식을 정리하면 $4x \leq 16$

양변을 4로 나누면 $\frac{4x}{4} \leq \frac{16}{4}$

$\therefore x \leq 4$

4를 포함하는 해를 수직선 위에 나타내면 다음과 같아요.

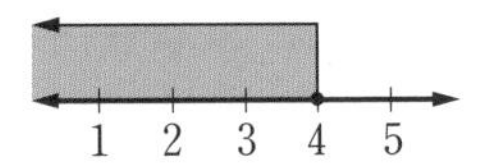

개념다지기 문제 2 **다음과 같이 부등식의 계수가 소수로 되어서 복잡해 보이는 문제가 있어요. 이럴 경우 문제를 푸는 요령은 무엇일까요?**

$$\mathbf{0.4x - 0.6 \leq x - 1.8}$$

풀이 계수가 소수일 때는 계수를 정수로 바꾸면 간단하고 쉬워진답니다. 즉 양변에 10을 곱하여 소수를 모두 정수로 바꾸어요.

양변에 10을 곱하면 $4x - 6 \leq 10x - 18$

좌변의 -6과 우변의 $10x$를 이항하면 $4x - 10x \leq -18 + 6$

식을 다시 정리하면 $-6x \leq -12$

양변을 -6으로 나누면 $\frac{-6x}{-6} \geq \frac{-12}{-6}$

따라서 $x \geq 2$

개념다지기 문제 3 **$\frac{5}{6}x + \frac{1}{2} > \frac{1}{3}x - 1$과 같이 계수가 분수로 되어 있는 문제를 풀어 봅시다.**

풀이 이번에도 분수의 계수를 정수로 바꾸면 편리하고 쉬워져요. 먼저 분모인 2, 3, 6의 최소공배수 6을 양변에 곱해 보세요.

양변에 6을 곱하면 $5x+3<2x-6$

3과 $2x$를 이항하면 $5x-2x<-6-3$

식을 정리하면 $3x<-9$

양변을 3으로 나누면 $\frac{3x}{3}<\frac{-9}{3}$

따라서 $x<-3$

약속

1. 부등식에서 계수가 소수일 때에는 부등식의 양변에 알맞은 10의 거듭제곱을 곱하여 계수를 정수로 고친다.
2. 계수가 분수일 때에는 부등식의 양변에 분모의 최소공배수를 곱하여 계수를 정수로 고쳐서 푼다.

개념다지기 문제 4 **철이는 엄마의 생일선물로 엄마가 좋아하는 튤립 꽃다발을 선물하려고 합니다. 튤립 한 송이의 가격은 1500원이고, 꽃다발 포장비용은 1000원이에요. 철이가 가진 20000원으로 튤립을 최대한 몇 송이나 살 수 있을까요?**

풀이 철이가 사려는 튤립의 송이 수를 x라고 해요. 한 송이에 1500원이므로 x송이의 가격은 $1500x$원이지요. 포장비는 1000원이고, 모두 합해 20000원 이하의 돈을 지불해야 해요. 따라서 다음처럼 식을 세울 수 있어요.

$1500x+1000\leq 20000$

부등식을 풀면 $1500x\leq 19000$

양변을 1500으로 나누면 $x\leq \frac{19000}{1500}$

$\therefore x\leq 12\frac{2}{3}$

여기에서 x는 자연수이므로 철이는 튤립을 최대한 12송이 살 수 있어요. 왜 자연수여야 할까요? 꽃송이는 개수로 세므로 분수는 의미가 없다는 사실을 기억하세요!

개념다지기 문제 3 **요즘은 유치원생부터 어른까지 나이와 상관없이 휴대전화를 많이 사용해요. 통신사들은 저마다 다양한 요금제를 제시하고 있어서 자기 스타일에 맞는 합리적 요금제를 선택하기 위해서는 곧 수학적 사고를 필**

요로 하지요.

아래와 같이 두 가지 요금제가 있어요. 어떤 고객의 한 달 통화 시간은 180분 이상 300분 이하이고, 사용 문자는 150건이에요. 이 고객의 통화 시간이 몇 분 이상일 때 할인 요금제가 더 유리할까요?

	표준 요금제	할인 요금제
기본료	11000원	33000원
분당 통화료	108원	108원
문자 1건당 사용료	20원	20원
무료 제공	문자 50건	음성통화 300분 문자 100건

풀이 이 고객은 한 달 동안 음성 통화를 180분보다 x분 초과 사용했으며, 문자는 150건을 사용했어요.

먼저 위 표의 표준 요금제를 살펴봐요. 이 요금제에서는 기본료가 11000원, 분당 통화료가 108원이고, 문자는 50건이 무료예요. 따라서 우리는 문자를 100건으로 놓고 사용 요금을 계산하면 되지요.

$$11000+(180+x)\times 108+20\times 100$$
$$=11000+19440+108x+2000=32440+108x$$

이번에는 할인 요금제를 살펴봐요. 기본료는 33000원, 음성 통화는 300분까지 무료이므로 계산할 필요가 없고, 문자는 100건이 무료이므로 50건만 계산하면 돼요.

$$33000+20\times50=33000+1000=34000$$

두 요금제를 비교하기 위해 부등식 $32440+108x>34000$을 세워요. 왜냐하면 할인 요금제가 더 유리한 경우를 찾는 것이 문제이기 때문이에요.

$$108x>34000-32440$$

$$108x>1560$$

$$\frac{108}{108}x>\frac{1560}{108}$$

따라서 $x>14\frac{48}{108}\fallingdotseq14.44$

다시 말해서 180분을 통화한 후 다시 14.5분 정도 더 통화하면, 즉 음성통화 시간이 약 195분 이상이면 할인 요금제가 더 유리하답니다.

더 알아보기 수학에서 비교하기 곤란한 것은?

두 수 a, b가 있을 때, $a\neq b$이면 '$a>b$' 또는 '$a<b$'임을 알았어요. 그러면 선분의 길이 6m와 정사각형의 넓이 $1m^2$의 관계는 어떻게 표시할까요?

우리 친구들 중에는 $6>1$인 것을 보고 6m는 $1m^2$보다 크다고 말하는 사람이 있을 거예요.

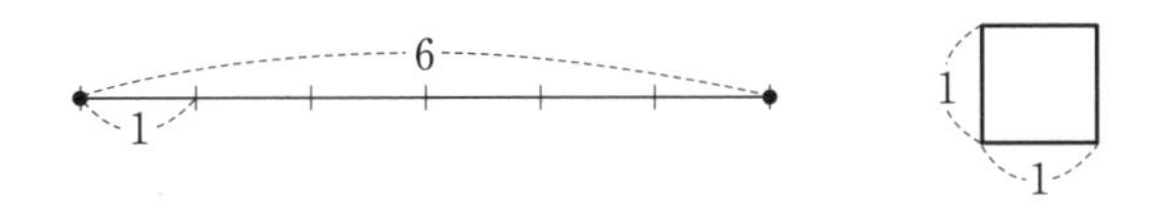

그러나 6m는 선분의 길이이고 1m^2는 정사각형의 넓이입니다. 선분과 넓이는 원래 비교할 수가 없어요. 그러면 $6\text{m} \neq 1\text{m}^2$로 쓸 수 있을까요?

그것도 아니에요. $\neq$는 비교할 때 같지 않다는 뜻이며 '비교할 수 없을 때'의 기호는 없답니다.

6. 연립일차부등식과 그 활용

일차방정식과 마찬가지로 두 개의 부등식을 한 쌍으로 묶어 나타낸 것을 **연립부등식**이라고 해요. 미지수가 한 개일 때는 **연립일차부등식**이라고 하지요.

개념다지기 문제 1 **다음 연립부등식을 풀어 봅시다.**

(1) $\begin{cases} 4x+3<11 & \cdots\cdots ① \\ 3x-3 \geq -9 & \cdots\cdots ② \end{cases}$ (2) $\begin{cases} \dfrac{x+2}{3} \leq 1 & \cdots\cdots ① \\ -2(x-4)<2 & \cdots\cdots ② \end{cases}$

풀이

(1) 부등식 ①을 풀면 $4x<8$ $\quad \therefore x<2$

부등식 ②를 풀면 $3x \geq -6$ $\quad \therefore x \geq -2$

연립부등식의 해는 두 부등식을 동시에 만족해야 하므로 수직선 위에서 공통으로 겹쳐지는 영역을 부등호로 나타내면 되어요. 부등식 ①, ②의 해를 수직선 위에 함께 나타내면 다음 그림과 같아요.

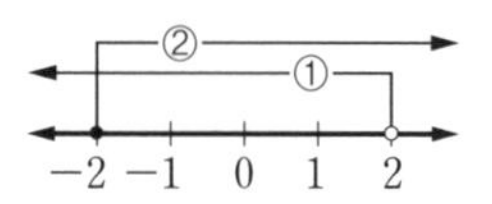

따라서 구하는 해는 $-2 \leq x < 2$가 됩니다.

(2) 부등식 ①의 양변에 3을 곱하면 $x+2 \leq 3$

$\therefore x \leq 1$

부등식 ②의 괄호를 풀면 $-2x+8<2$

8을 이항하면 $-2x<-6$

양변을 -2로 나누면 부등호의 방향이 바뀌므로

$\therefore x>3$

부등식 ①, ②의 해를 수직선 위에 함께 나타내면 다음 그림과 같아요.

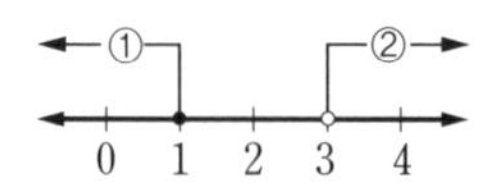

어라? 공통 부분이 없네! 따라서 구하는 해는 없답니다.

개념다지기 문제 2 **농도가 5%인 설탕물 300g에 물을 넣어 농도가 3% 이상 4% 이하가 되게 하려면 몇 g의 물을 넣어야 할까요?**

풀이 농도가 5%인 설탕물 300g에 들어 있는 설탕의 양은

$$300\times\frac{5}{100}=15(\text{g})$$

물을 xg 더 넣었다면 설탕물의 양은 $(300+x)$g으로 늘어나지만, 설탕의 양 15g은 변하지 않습니다. 따라서 설탕물의 농도가 3% 이상 4% 이하가 되려면 다음의 연립부등식을 만족해야 합니다. 여기서는 설탕의 양이 중요해요!

$$(300+x)\times\frac{3}{100}\leq 15\leq(300+x)\times\frac{4}{100}$$

주어진 부등식을 연립부등식으로 나타내면

$$\begin{cases}(300+x)\times\dfrac{3}{100}\leq 15 & \cdots\cdots① \\ 15\leq(300+x)\times\dfrac{4}{100} & \cdots\cdots②\end{cases}$$

①을 풀어 보면

우선 양변에 100을 곱하여 $(300+x)\times 3\leq 1500$

식을 전개하면 $900+3x\leq 1500$

$3x\leq 600 \qquad \therefore\ x\leq 200$

이번에는 ②를 풀어 볼까요? 어려운 게 아니라 약간 복잡한 것뿐이지요. 복잡해도 차근차근히 풀면 돼요. 역시 맨 처음 할 일은 양변에 100을 곱하는 거예요.

$1500 \leq (300+x) \times 4$

$1500 \leq 1200+4x$

$1500-1200 \leq 4x$

$300 \leq 4x$

$\therefore 4x \geq 300$

(x를 좌변으로 보냈으므로 부등호 방향이 바뀜에 주의!)

$\therefore x \geq 75$

①과 ②의 해를 수직선 위에 표시하면 다음과 같아요.

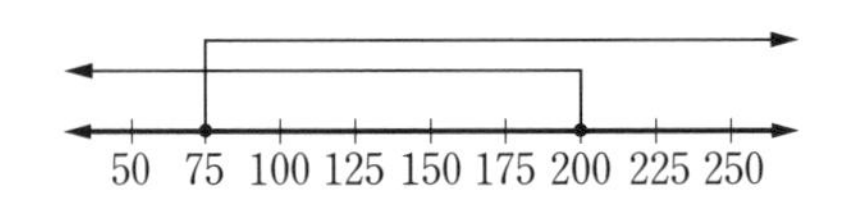

$$\therefore 75 \leq x \leq 200$$

따라서 75g 이상 200g 이하의 물을 넣어야 합니다.

더 알아보기 **가장 짧은 거리**

TV에 나오는 동물 다큐멘터리를 보면 육식 동물이 초식 동물을 잡으려고 뒤쫓아 가는 장면이 자주 나와요. 이럴 때 쫓기는 동물은 이리 저리 각도를 바꾸면서 도망가는데, 강한 포식자는 거의 직선으로 그 뒤를 쫓아가곤 합니다. 왜 그럴까요?

바로 동물은 본능적으로 가장 짧은 길을 택하기 때문이랍니다! 이

이야기를 수학적으로 풀어 보면 삼각형의 한 변은 다른 두 변의 합보다 작고, 두 점 A, B 간의 가장 짧은 거리는 선분 $\overline{AB}$이기 때문이에요.

개념다지기 문제 1 **예쁜 목장에 사는 젖소는 목동과 함께 날마다 풀을 뜯으러 풀밭에 갑니다. 목동은 젖소에게 하루 종일 풀밭에서 풀을 먹인 후, 저녁 때 집으로 데리고 갈 때는 반드시 강에서 물을 마시게 하지요. 강가 어느 지점에서 물을 마시면 가장 짧은 거리로 집에 도착할 수 있을까요?**

풀이 이 문제는 목장을 A, 젖소가 있는 풀밭을 B라고 할 때, 강가의 물 먹는 지점 C를 구하는 문제입니다. 먼저 강을 기준으로 B와 대칭인 곳을 B′라고 놓아요. 그러면 AB′와 강가에서 만나는 점 C가 생기지요. $\overline{AC}+\overline{CB}=\overline{AC}+\overline{CB'}=\overline{AB'}$이고, 그 모양은 직선이 됩니다.

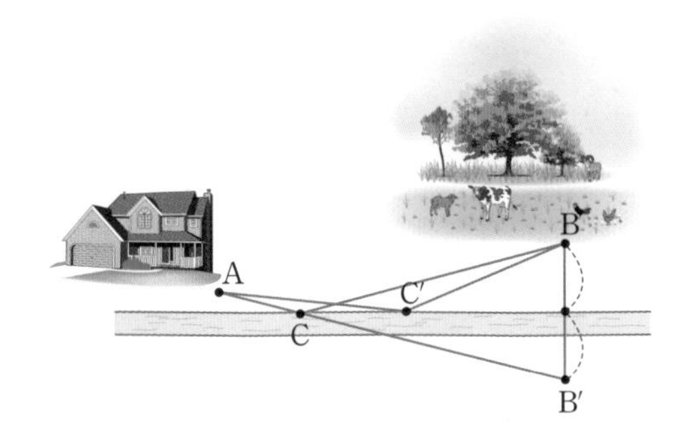

다시 말해서, C가 아닌 지점에 C′를 잡는다면 어느 곳이라도 다음의 부등식이 성립하게 되지요.

$$\overline{AC'}+\overline{C'B}>\overline{AB'}$$

이런 경우 부등호 ‘>’는 참 편리하답니다.

개념다지기 문제 2 **민수는 10000원을 가지고 마트에 갔어요. 500원과 700원인 아이스크림을 합하여 모두 15개를 살 때, 700원짜리 아이스크림은 최대 몇 개나 살 수 있을까요?**

풀이 700원짜리 아이스크림을 x개라고 하면, 500원짜리 아이스크림은 $(15-x)$개가 됩니다.

두 아이스크림의 가격은 각각 $700x$와 $500(15-x)$가 되지요. 합한 금액이 10000원 이하여야 하므로 부등식은

$$700x+500(15-x)\leq 10000$$

식을 간단히 하면

$$700x+7500-500x\leq 10000$$
$$700x-500x\leq 10000-7500$$
$$200x\leq 2500 \qquad \therefore\ x\leq 12\frac{1}{2}$$

즉 x는 아이스크림의 개수이므로 자연수이고, $12\frac{1}{2}$보다 작거나 같으므로 700원짜리 아이스크림은 최대 12개를 살 수 있습니다.

개념다지기 문제 3 **삼각형의 세 변의 길이가 $x-2$, $x+1$, $x+3$일 때 삼각형이 만들어지는 값의 범위를 구하여 보세요.**

풀이 삼각형의 변의 길이는 양수이므로 $x-2>0$ ……①

물론 $x+1$, $x+3$도 양수여야 합니다. 하지만 세 개의 식 중 가장 작은 $x-2$를 양수로 가정하면 되겠지요.

삼각형에서 가장 긴 변의 길이는 다른 두변의 길이의 합보다 작으므로 $x+3<(x-2)+(x+1)$ ……②를 얻습니다.

①에서 $x>2$

②를 정리하면 $x+3<2x-1$ $\therefore x>4$

부등식 ①과 ②의 해가 겹치는 공통부분은 $x>4$입니다.

따라서 x는 4보다 커야 합니다.

개념다지기 문제 4 **160개의 사탕을 학생들에게 똑같이 나누어 주려고 합니다. 한 사람당 5개씩 주면 사탕이 남고, 6개씩 주면 사탕이 모자란다고 합니다. 학생 수는 몇 명이나 될까요?**

풀이 학생 수를 x명이라고 해요. 5개씩 주면 사탕의 개수는 $5x$이고, 6개씩 주면 사탕의 개수는 $6x$입니다. 따라서 부등식을 세우면 $5x<160<6x$입니다.

이 식을 연립부등식으로 나타내면 다음과 같아요.

$$\begin{cases} 5x<160 \\ 160<6x \end{cases}$$

연립부등식을 풀면 $26\frac{2}{3}<x<32$

x는 자연수이므로 학생 수는 27명, 28명, 29명, 30명, 31명 중 하나로 추정할 수 있습니다.

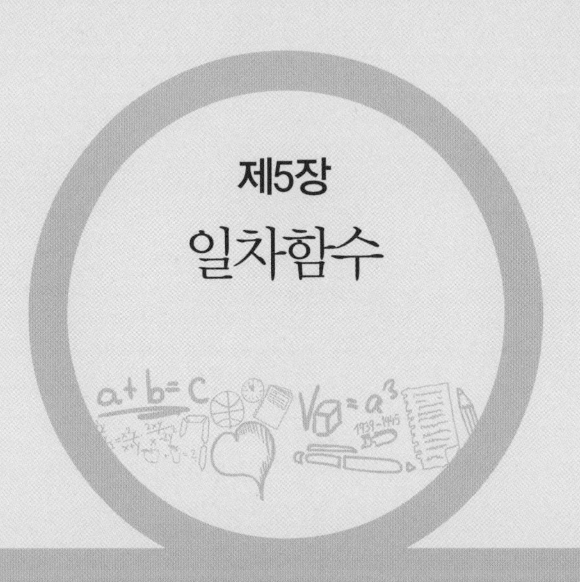

제5장

일차함수

1. 일차함수란 무엇일까?

함수라는 말만 들어도 무언가 어마어마한 수학으로 생각하는 친구가 많을 것 같아요. 그중 '함수'를 함정이 있는 수학으로 받아들이는 사람도 있나요? 그러나 함은 한자 函으로 투표함 또는 결혼식을 앞두고 신랑이 신부 집에 가지고 가는 선물함처럼 '상자'라는 뜻이에요. 일정한 돈을 넣으면 정해진 법칙대로 그 돈에 적합한 물건이 나오는 자동판매기와 같은 것이라고 생각하면 쉽답니다. 그러나 속이 어떻게 되어 있는지 모르기 때문에 '검다'라는 뜻의 일종의 블랙 박스black box인 셈이지요. 우리나라 속담에서도 속마음을 알 수 없는 사람을 보면 마음이 시커멓다고 말하곤 해요.

우리 주변에는 이런 종류의 예가 얼마든지 있어요. 닭이나 소에게 먹이를 주면 달걀과 우유를 얻을 수 있으므로 소와 닭도 일종의 함수인 셈이에요. 이해하기 쉽게 그림으로 그려 볼까요? 이들의 공통점은 '원인을 제공하면 정해진 결과가 나온다'라는 것이지요.

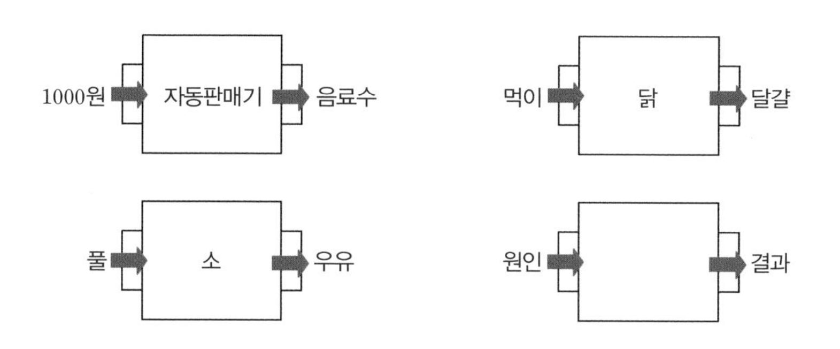

수학에서는 이에 관련된 내용을 식으로 나타내어요.

예를 들어 $y=3x+1$을 다음과 같은 블랙 박스로 생각해 봐요.

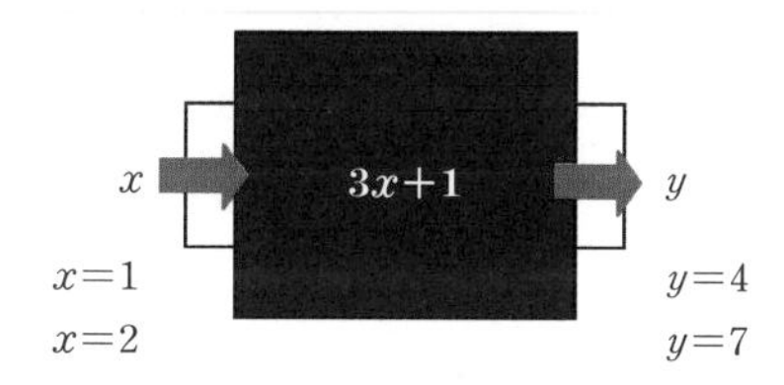

입구에 1을 넣으면 4가 나오고 2를 넣으면 7, … 이런 식으로 하나의 수를 넣으면 반드시 하나의 수가 나온답니다.

우리는 이미 1학년 과정에서 좌표가 왜 필요한지, 함수의 개념이 무엇인지를 배웠어요. 또한 함수의 그래프인 직선과 쌍곡선도 배웠지요. 함수 $y=2x$의 그래프는 직선이었고, 함수 $y=\frac{1}{x}$, $y=\frac{3}{x}$의 그래프는 쌍곡선이었어요.

여기에서는 함수의 그래프가 직선이 되는 일차함수를 더 깊이 있게 배우도록 해요.

생각 열기

우리나라 최남단에 위치한 제주도는 2011년 세계 7대 자연 경관으로 선정되어 세계적으로 유명한 관광지가 되었어요. 기철이네 가족은 제주도로 여행을 가서 한라산을 등반하기로 하였지요. 산을 오르는 동안 땀은 났지만 바람이 불어 시원했어요. 일반적으로 지표면에서 100m까지 고도가 상승하면 기온이 1℃씩 낮아진다고 해요. 등반을 시작할 때 30℃였던 지표면의 온도는 산 위로 올라갈수록 낮아졌어요. 그 변화를 표로 만들면 다음과 같아요.

높이(m)	0	100	200	300	400	500	…
온도(℃)	30	29	28	27	26	25	…

이 표에 따르면 기철이가 1800m 지점에 도달하였을 때의 기온은 얼마쯤 되었을까요?
산 위로 100m씩 올라갈 때마다 온도가 1℃씩 낮아지므로 1800m 지점까지 올라가면 18℃가 낮아져요. 즉 (산의 높이÷100)℃가 낮아지는 온도가 되지요.
따라서 산의 높이를 x라고 하면, $\frac{x}{100}$℃가 낮아지는 온도예요. 또한 산의 높이가 x일 때 기온이 y라고 한다면, y는 30℃에서 낮아지는 온도 $\frac{x}{100}$℃를 빼어야 해요. 그러므로 x와 y 사이의 관계식은 $y=30-\frac{x}{100}$로 나타낼 수 있어요. 즉 y는 x에 관한 일차식이 되는 거예요. 그러므로 1800m일 때는 x에 1800을 대입하면 돼요.

$$y=30-\frac{1800}{100}=30-18=12(℃)$$

이 식에서는 각각의 높이에 따라 온도가 오직 하나씩만 대응되었어요. 이렇게 x의 값이 하나 정해지면 그에 따라 y의 값이 오직 하나씩만 대응할 때 y는 x의 함수라고 말한답니다.

이때, 한 가지 구분해야 할 것은 $0=30-\frac{x}{100}$는 x에 관한 일차방정식이고, $y=30-\frac{x}{100}$는 일차함수라는 것이지요.

약속

$y=f(x)$ 꼴의 식에서 y가 x에 관한 일차식 $y=ax+b$일 때 $y=f(x)$를 일차함수라고 한다. (단, $a\neq0$, a, b는 상수)

더 알아보기

함수函數라는 용어는 한자어이므로 쉽게 우리에게 와 닿지 않는 말이에요. 하지만 영어로 생각하면 그 뜻이 분명해지지요. 함수를 영어로는 funtion 또는 mapping이라고 하는데 funtion은 기능이란 뜻이에요.

$y=f(x)$에서 $x=1$일 때는 $f(1)$, $x=2$일 때는 $f(2)$, …를 만드는 기능을 가졌다고 생각하면 돼요. 또 우리 친구들이 잘 알고 있듯이 map은 지도를 말하는데, 지도상에서는 실제의 지점인 x가 꼭 하

나의 지점인 y로 나타나지요. 지도를 만들 때는 3차원의 지구를 2차원인 종이 위에 빛을 쏘아서 그 이미지를 나타내요. 함수의 개념이 만들어진 것은 지도가 발달했던 17세기의 일로 함수와 지도가 같은 개념에서 출발한 것으로 추론할 수 있어요.

2. 일차함수의 그래프와 성질

요즘은 정수기가 많이 사용돼요. 그러나 깨끗한 물을 마시려면 정수기를 구입한 후에 지속적으로 필터를 관리해야 하지요. 필터를 교체하는 작업은 정수기 속의 물을 모두 밖으로 빼낸 후 필터를 새것으로 교체하고 다시 물을 넣는 과정을 거쳐요.

예를 들어 원기둥 모양 물통에 2cm 높이만큼 물이 채워져 있다고 생각해 봐요. 물통은 1분에 2cm씩 높아지고 있어요. 물을 받는 시간을 x분, 물의 높이를 $y$cm라고 할 때 x, y의 변화를 살펴보면 다음 표와 같아요.

x(분)	0	1	2	3	4
y(cm)	2	4	6	8	10

위의 표를 보고 알아차릴 수 있는 것은 x가 1씩 증가함에 따라 y는 2씩 증가한다는 거예요. 즉 $y=2x$라는 식을 세울 수 있지요. 하지만 한 가지 주의할 것이 있어요. $y=2x$에 $x=0$을 대입하면 $y=0$인데, 위의 표를 보면 처음 x의 값이 0일 때 $y=2$이므로

$y=2x$에 2를 더해야 해요. 그러므로 정확한 식은 $y=2x+2$가 된답니다.

앞의 표에서 순서쌍 (x, y)를 좌표평면 위에 나타내면 〈그림 1〉이 돼요. 그런데 편의상 1분마다 물의 높이를 측정한 것이지 실제로 시간이란 연속적으로 흘러가는 양이에요. 또 물도 계속해서 흐르는 연속적인 양이므로 변수 x와 y를 그래프로 나타내면 〈그림 2〉와 같은 직선이 되는 것이랍니다.

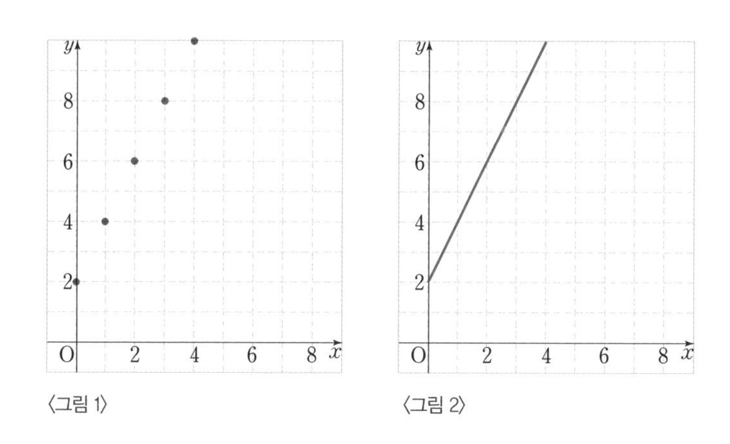

〈그림 1〉 〈그림 2〉

정의역이 수 전체의 집합일 때, 일차함수 $y=ax+b$의 그래프는 직선이에요. 두 점을 지나는 직선은 오직 하나뿐이므로 그래프는 서로 다른 두 점을 곧게 이어 그리면 돼요.

이번에는 조금 다르게 생각해 봐요. 앞의 문제처럼 정수기에서 1분에 2cm씩 똑같은 빠르기로 물이 흘러나오고 있어요. 빈 물통에 물을 채울 때의 물의 높이를 그래프로 나타내어 봅시다.

빈 물통이라면 처음 물의 높이가 0cm이고, 1분에 2cm씩 높아지므로 식으로 나타내면 $y=2x$이고, 〈그림 3〉과 같아요.

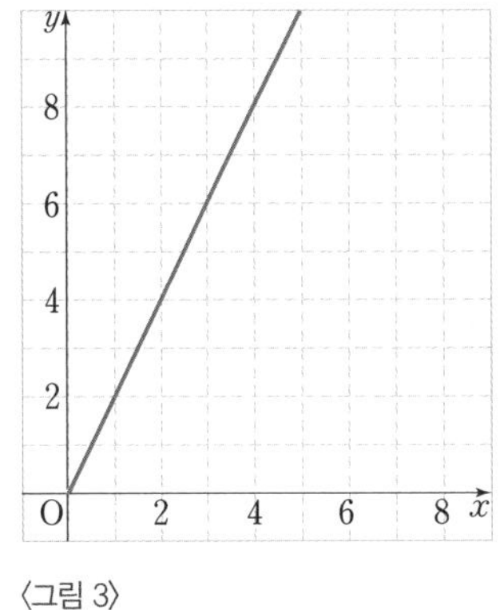

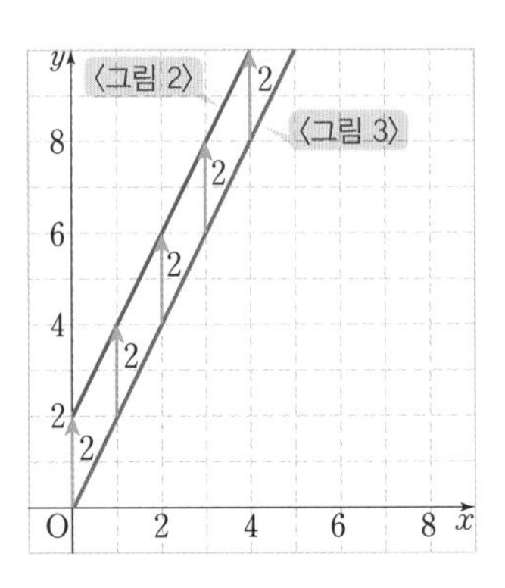

〈그림 3〉

〈그림 3〉과 〈그림 2〉를 비교하면 $y=2x+2$ 그래프 위의 각 점은 $y=2x$ 그래프 위의 각 점보다 2만큼씩 위에 있어요.

즉 $y=2x+2$의 그래프는 $y=2x$의 그래프를 y축의 방향으로 2만큼씩 평행하게 이동한 것과 같답니다.

약속

1. 한 도형을 일정한 방향으로 일정한 거리만큼 옮기는 것을 평행이동이라고 한다.
2. $y=ax+b$의 그래프는 $y=ax$의 그래프를 y축 방향으로 b만큼 평행이동한 것이다.

평행이동 말고 또 다른 내용도 알아볼까요? 여러분이 좋아하는 신 나는 놀이동산을 잠시 떠올려 보세요. 롤러코스터 같은 놀이 기구는 아래위로 빠르게 움직이고 갑자기 오른쪽, 왼쪽으로 회

전하다가 무서운 속도로 곤두박질쳐요. 이때 사람들은 짜릿한 비명을 지르지요. 놀이 기구가 올라가고 내려오는 모습은 평행이동이고, 오른쪽이나 왼쪽으로 도는 것은 회전이동이라고 할 수 있어요. 어때요? 수학의 도형을 놀이 기구로 연상하니까 별로 어렵지 않죠? 이렇게 공부는 즐거운 마음으로 해야 효과적이랍니다!

더 알아보기 자동차는 함수

'자동차는 함수'라는 말은 무슨 뜻일까요?

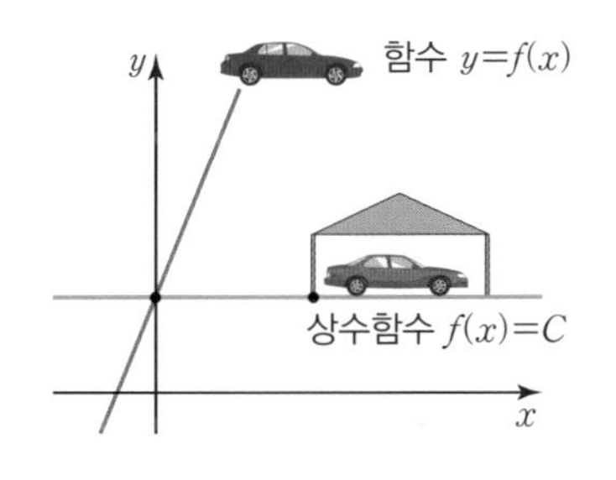

아까는 닭도 함수이고 소도 함수라고 하더니 이젠 자동차까지? 자동차는 시각마다 위치가 정해져요. 즉 시각을 x라고 생각한다면 자동차의 위치는 바로 함수 y가 되는 거지요. 따라서 일정한 시간에 자동차가 움직인 자취를 선으로 나타내면 그래프가 돼요. 그렇다면 차고에 있는 차도 함수일까요? 그 경우도 시각마다 자리가 정해지니까 물론 함수이지요. 차고에서 있는 자동차는 속도가 0인 상수함수($f(x)=C$ 또는 $y=C$, 이때 C는 상수)라서 그래프는 x축과 평행인 직선이 되어요. 즉 지구 위의 물체는 정지 상태이거나 움직이는 상태 둘 중의 하나예요. 이러한 상태는 모두 함수가 된답니다.

3. 절편으로 그래프 그리기

절편이라고 할 때 맨 처음 떠오르는 건 마름모꼴의 떡이지요. 어떤 친구들은 절편이 달지 않아서 싫다고 하지만, 어른들은 참기름을 바른 말랑말랑한 절편을 참 좋아해요. 절편은 가래떡과 재료는 똑같아요. 동그란 구멍으로 떡을 길게 뽑아내면서 자르는 것은 가래떡이고, 넓적한 모양으로 뽑아내면서 마름모 모양으로 툭툭 잘라낸 것이 절편이에요. 즉 절편切片이란 잘라낸 떡이란 뜻이랍니다.

함수에서의 절편도 역시 같은 개념이에요. 그래프가 y축을 통과하면서 y축과 만나는 점이 마치 y축을 자르는 것과 같아서 절편이라고 부르는 것이지요. 또한 x축을 지나면서 생기는 교점은 마찬가지로 x축의 절편이 되겠죠?

가령, 일차함수 $y=2x+4$의 그래프를 그리면 x축과 y축의 절편 2개가 생겨요. 옆의 직선 그래프는 x축과의 교점이 $(-2,\ 0)$이므로 x절편은 -2이고, y축과의 교점은 $(0,\ 4)$이므로 y절편은 4입니다. 다시 말해서 x절편은 x축 교점의 x값이고, y절편은 y축 교점의 y값이지요.

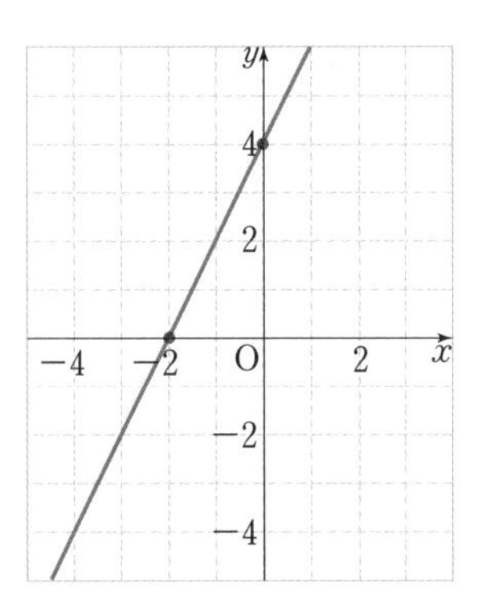

약속

함수의 그래프가 x축과 만나는 점의 x좌표를 그래프의 x절편, y축과 만나는 y점의 좌표를 그래프의 y절편이라고 한다.

여러분은 1학년 때 일차함수의 그래프 중 원점을 지나는 그래프에 대해 배웠어요. 원점을 지나는 그래프를 그리려면 함수의 기울기가 중요한 요소예요. 하지만 꼭 기울기를 모르더라도 함수의 그래프를 그릴 수 있는 방법이 있어요.

자! 이제부터 여러분은 x절편, y절편을 가지고 아주 쉽게 그래프를 그리는 법을 터득하게 될 거예요.

개념다지기 문제 **일차함수 $y=2x+4$ 그래프의 x절편과 y절편을 이용하여 그래프를 그려 볼까요?**

풀이 x절편은 함수의 그래프가 x축 교점의 x좌표이므로 주어진 함수식에 $y=0$을 대입하면 돼요. 또 y절편은 y축과 만나는 점의 y좌표이므로 함수식에 $x=0$을 대입하면 되지요.

따라서 $y=2x+4$에 $y=0$을 대입하면 $0=2x+4$이므로

$$\therefore \ x=-2$$

즉 x절편은 -2입니다.

또한 $x=0$을 대입하면 $y=2\times0+4$이므로 $y=4$, 즉 y절편은 4입니다.

그러므로 일차함수의 그래프는 오른쪽 그림과 같이 두 점 $(-2,\ 0)$, $(0,\ 4)$를 지나는 직선이 됩니다. 어라? 바로 앞에서 보았던 그 그래프네요!

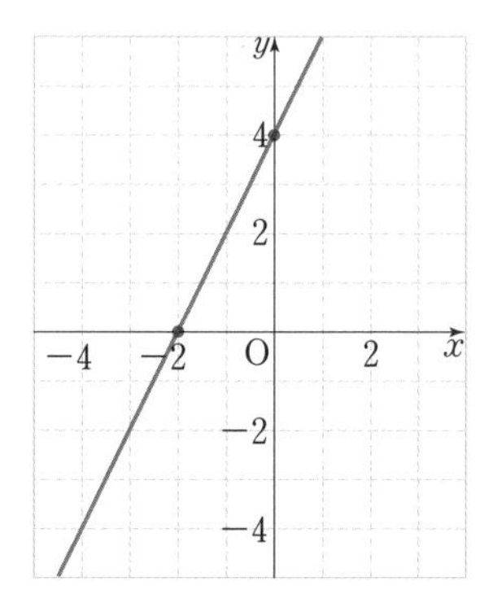

약속

일차함수에서 x절편과 y절편을 알면 그래프를 그릴 수 있다.

4. 기울기와 y절편으로 그래프 그리기

정우는 막내 동생과 집 앞 계단에서 가위·바위·보를 하며 이긴 사람은 두 칸씩 위로 올라가는 게임을 했어요. 가위·바위·보를 다섯 번 했는데 동생이 네 번 이기고, 정우가 한 번 이겼어요. 결과적으로 동생은 정우보다 6칸 위에 있게 되었지요. 그런데 이상한 점

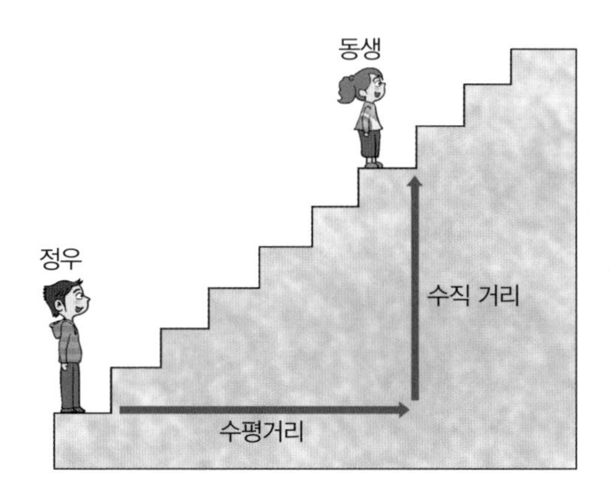

은 정우와 막내 동생과의 거리는 점점 멀어졌지만, 정우가 동생을 바라볼 때 기울어진 정도는 똑같았어요. 그 이유는 무엇일까요?

바로 그림처럼 계단을 옆에서 바라봤을 때의 수평거리와 수직거리의 비율이 같기 때문이랍니다. 즉 계단의 기울기가 같기 때문이에요.

일반적으로 일차함수 $y=ax+b$에서 x값의 증가량에 대한 y값의 증가량의 비율은 항상 일정하고, 그 비율은 x의 계수인 a와 같아요. 이 증가량의 비율인 a를 일차함수 $y=ax+b$ 그래프의 **기울기**라고 합니다.

약속

일차함수 $y=ax+b$의 그래프에서

$$(\text{기울기})=\frac{(y\text{값의 증가량})}{(x\text{값의 증가량})}=a$$

개념다지기 문제 1 **기울기와 y절편을 이용하여 일차함수 $y=3x-4$ 그래프를 그려 봅시다.**

풀이 일차함수 $y=3x-4$에서 y절편을 구하기 위해 $x=0$을 대입해 보면 $y=-4$가 돼요. 즉 y절편은 -4이므로 이 그래프는 점 $(0,\ -4)$를 지납니다.

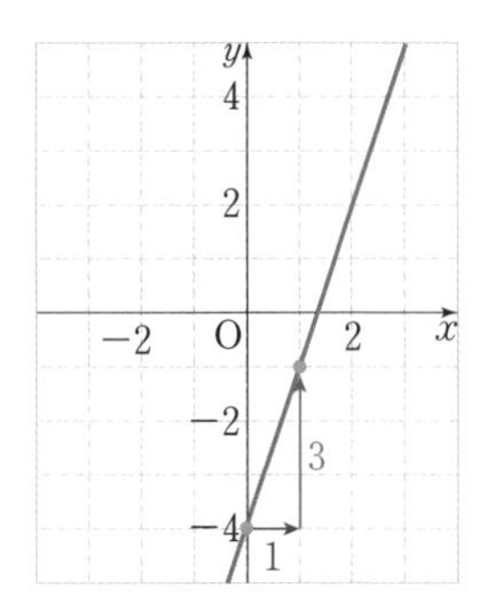

그다음 이 그래프의 기울기는 얼마일까요? 주어진 함수에서 x의 계수 3이 바로 기울기입니다. 그러므로 구하고자 하는 그래프는 오른쪽과 같이 점 $(0,\ -4)$와 이 점에서 x축의 방향으로 1만큼, y축의 방향으로 3만큼 증가한 점 $(1,\ -1)$을 지나는 직선이 되어요. 조금 복잡하다고요? 몇 번만 해 보면 곧 익숙해진답니다.

개념다지기 문제 2 **오른쪽 그림은 컴퓨터 프로그램을 활용하여 일차함수 $y=3x+1$, $y=-3x+1$, $y=3x-1$의 그래프를 그린 것입니다. 그림을 보고 기울기와 관련하여 그래프의 특징을 비교해 봅시다.**

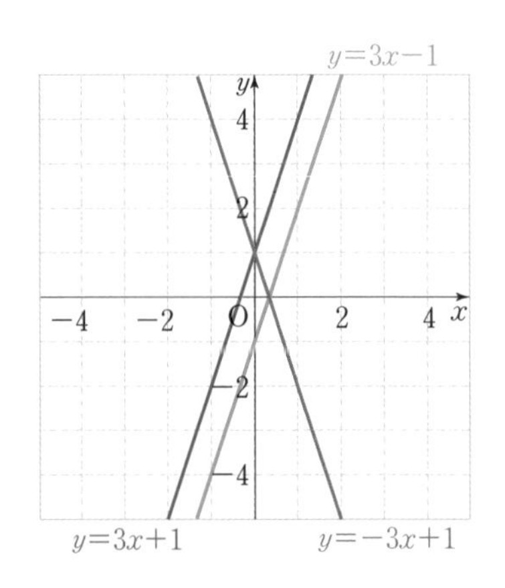

탐구 1

오른쪽 위로 향하는 그래프는 어느 것인가요?

일차함수 $y=3x+1$과 $y=3x-1$은 오른쪽 위로 향하는 직선이고, $y=-3x+1$의 그래프만 오른쪽 아래로 향하는 직선이에요.

탐구 2

서로 평행한 그래프는 어느 것인가요?

일차함수 $y=3x+1$과 $y=3x-1$은 기울기가 3으로 같기 때문에 서로 평행한 그래프입니다.

약속

1. 일차함수 $y=ax+b$의 그래프에서
   (1) $a>0$이면 그래프는 오른쪽 위로 향하는 직선이다.
   (2) $a<0$이면 그래프는 오른쪽 아래로 향하는 직선이다.
2. 기울기와 일차함수의 그래프
   (1) 기울기가 같은 두 일차함수의 그래프는 서로 평행하거나 일치한다.
   (2) 서로 평행한 일차함수 그래프의 기울기는 같다.

개념다지기 문제 3 **명찬이는 공부를 하다가 야식으로 라면을 먹기 위해 20℃의 물을 가스레인지에 올려놓았어요. 물이 팔팔 끓을 때 라면과 스프를 함께 넣어야 맛있다는 친구의 말대로 물이 끓기를 기다리면서 1분이 지날 때마다 온도를 재어 보았더니 일정한 비율로 증가했어요. x분 후의 물의 온도를 y℃라고 할 때 다음 문제를 생각해 봐요.**

시간(분)	0	1	2	3	…
온도(℃)	20	34	48		…

(1) x와 y 사이의 관계식을 구하면?

(2) 5분이 지난 후의 물의 온도는 몇 도인가요?

(3) 물의 온도가 100℃일 때 라면과 스프를 넣으려고 합니다. 최소한 몇 분 뒤에 라면을 넣는 것이 좋을까요?

풀이

(1) 1분씩 지날 때마다 물의 온도가 14℃씩 올라가므로 y를 x에 관한 식으로 나타내면 $y=14x+20$이 됩니다.

(2) $x=5$일 때 $y=14\times5+20=70+20=90$이므로 5분이 지난 후 물의 온도는 90℃입니다.

(3) 온도가 100℃인 경우는 $y=100$이므로 $100=14x+20$이고, 식을 간단히 정리하면 $14x=80$

$$\therefore x \fallingdotseq 5.7$$

그런데 문제에서는 초가 아니라 분 단위로 질문하였으므로 반올림하여 6분이라고 답해야 합니다.(왜냐하면 물의 온도가 100℃보다 높아야 하므로) 즉 적어도 6분 후에 라면과 스프를 넣어야 맛있게 끓일 수 있답니다.

5. 일차함수의 활용

개념다지기 문제 1 **생일파티에서 빠질 수 없는 건 바로 생일케이크! 길이가 16cm인 양초를 케이크에 꽂고 불을 붙인 다음 생일 축하 노래를 우리말로 한 번, 영어로 한 번 불렀더니 케이크 위에 있던 초가 많이 타 버렸어요. 노래하는 데 걸린 시간은 모두 28초이고, 양초는 2초에 1cm씩 타는 초라고 해요. 케이크에 남아 있는 초의 길이는 얼마나 될까요?**

풀이 불을 붙인 지 x초 후에 남은 초의 길이를 $y$cm라고 해 봐요. 초는 2초에 1cm씩 타므로 1초에는 0.5cm씩 타고 그때 남은 양초의 길이는 $16-0.5x$가 돼요. 따라서 x와 y 사이의 관계식은 $y=16-\frac{1}{2}x$예요. 초가 타는 데 걸린 시간이 28초이므로 x에 28을 대입하면 $y=16-\frac{1}{2}\times 28=16-14=2$입니다.
따라서 케이크에 남아 있는 초의 길이는 2cm이지요.

개념다지기 문제 2 **아연이의 휴대전화번호는 010−9988−□□□□이고, 특이하게도 네 자리의 수가 2442처럼 대칭형이라고 해요. 또 각 자리의 숫자의 합은 28이고, 앞의 처음 숫자는 두 번째 숫자보다 2가 적다고 합니다.**

(1) 앞의 처음 숫자를 x, 두 번째 숫자를 y라고 할 때 네 자리수의 합을 식으로 표현하여 봅시다.

(2) 위의 조건을 만족하는 아연이의 휴대번호를 찾아봅시다.

풀이

(1) 앞의 처음 숫자는 두 번째 숫자보다 2가 적으므로 $y=x+2$ 가 돼요. 또 4개의 숫자는 대칭형이므로 순서대로 더하면 $x+y+y+x=28$이 됩니다.

(2) $y=x+2$를 (1)의 두 번째 식에 대입해 봐요.

$x+(x+2)+(x+2)+x=28$

$4x+4=28$, $4x=24$

따라서 $x=6$이 되고, $y=8$이 되어요. 그러므로 아연이의 휴대 전화 번호는 010−9988−6886입니다.

6. 일차함수의 그래프와 연립일차방정식의 해

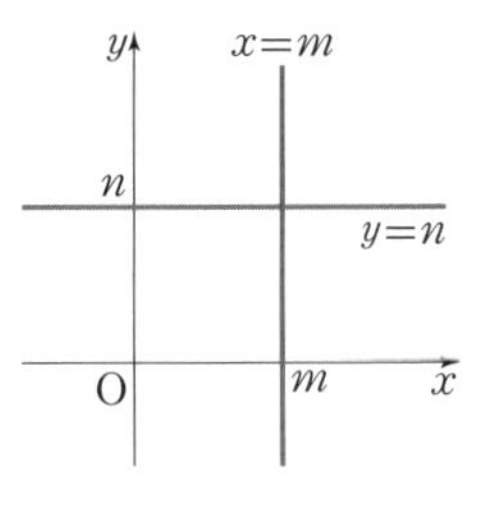

일차방정식 $ax+by+c=0$에서 계수 중 어느 하나가 0일 때, 이 방정식은 $x=m$ 또는 $y=n$(m, n은 수)과 같은 꼴이 돼요.

(1) $x=m$의 그래프는 점 $(m, 0)$을 지나고, y축에 평행한 직선입니다.

(2) $y=n$의 그래프는 점 $(0, n)$을 지나고, x축에 평행한 직선입니다.

개념다지기 문제 1 **다음 일차방정식의 그래프를 그려 봐요.**

(1) $3x-9=0$ (2) $4y+8=0$

풀이

(1) $3x-9=0$에서 $3x=9$

$\therefore x=3$

그러므로 직선 $x=3$의 그래프는 점 $(3,\ 0)$을 지나고, y축에 평행한 직선입니다. 따라서 방정식 $3x-9=0$의 그래프는 (1)과 같습니다.

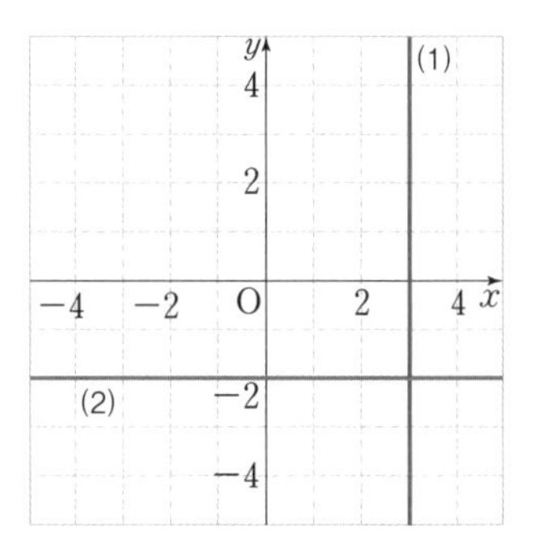

(2) $4y+8=0$에서 $4y=-8$

$\therefore y=-2$

그러므로 직선 $y=-2$의 그래프는 점 $(0,\ -2)$를 지나고, x축에 평행한 직선입니다. 따라서 방정식 $4y+8=0$의 그래프는 (2)와 같아요.

약속

일반적으로 x, y에 관한 연립방정식의 해는 두 방정식의 그래프에서 교점인 x좌표, y좌표와 같다.

개념다지기 문제 2 **그래프를 이용하여 다음 연립방정식을 풀어 봅시다.**

$$\begin{cases} x-y=3 \\ 2x+y=3 \end{cases}$$

풀이 주어진 방정식을 각각 y에 관하여 풀면

$$\begin{cases} y=x-3 & \cdots\cdots ① \\ y=-2x+3 & \cdots\cdots ② \end{cases}$$

①, ②의 그래프를 각각 그리면 오른쪽 그림과 같아요. 두 직선의 교점은 $(2,\ -1)$이고 따라서 구하는 연립방정식의 해는 $x=2$, $y=-1$이 됩니다.

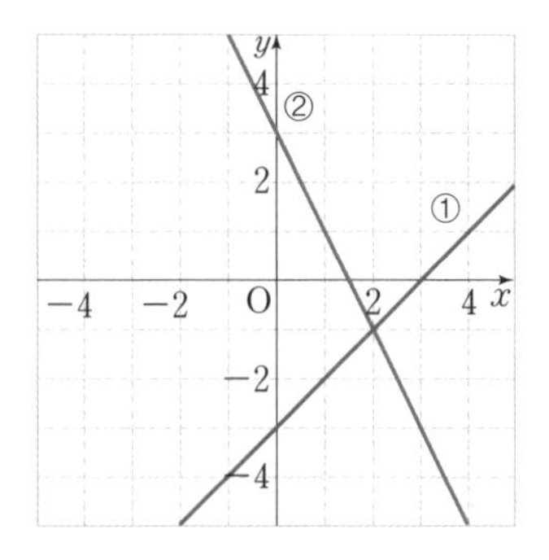

7. 세계에서 가장 어리석은 사람은?

만약 사탕 5개를 네 사람이 먹었다면 적어도 한 사람은 2개 이상 먹었다고 생각할 수 있어요. 이 생각은 간단하면서도 매우 중요한 1대 1의 사고방식이랍니다. 즉 다시 말해서 "비둘기의 수가 비둘기집의 수보다 많고 모두가 집에 들어갔다면 반드시 두 마리 이상 들어간 집이 있다."라는 것과 같은 말이지요. 수학을 공부하는 데 가장 기본적인 능력이 바로 '비둘기 집의 원리'랍니다.

미국의 저명한 물리학자 가모브 박사는 세계에서 가장 멍청한 사람을 찾나가 드디어 두 명의 남자를 발견했어요. 그들은 헝가리 귀족이었는데 편의상 A, B라고만 언급했지요.

공부할 기회가 없던 노동자도 아니고 한 나라의 귀족이었는데 가모브 박사는 왜 그들을 멍텅구리라고 생각했을까요? 이유는 다음과 같습니다.

어느 날 A, B는 함께 등산을 하기 시작하였고, 얼마 후 목적지인 산 정상에 무사히 도착했어요. 그런데 A가 지도를 보면서 이렇게 말했어요.

"어쩌면 좋아! 지도를 보니까 지금 우리가 서 있는 이 자리는 저 산꼭대기 같아!"

그러자 B가 큰 소리로 대꾸했어요.

"아니야, 우리의 목적지는 이곳과 저 산이야!"

이미 여러분은 함수가 mapping이라는 단어라고 배웠어요. 즉 어떤 장소는 지도상에서 반드시 한 점으로 나타나요. 실제 위치와

지도 위의 위치는 1대 1 대응이랍니다.

하지만 멍텅구리 A는 먼저 피아노를 치고 뒤에 악보를 보는 것과 같이 지도상의 점을 보고 현재 위치를 다른 곳이라고 말했던 거예요. 그리고 B 역시 현실의 위치와 지도가 1대 1로 대응한다는 것도 모르고, 지도상의 한 점이 두 지점에 대응한다고 생각하며 이곳 저곳을 기웃거렸으니 기가 막힐 노릇이지요. 이들은 틀림없이 함수 공부를 할 수 없었을지도 몰라요.

여러분! 함수는 식, 대응표, 그래프! 이렇게 3가지로 나타낼 수 있다는 사실을 꼭 명심하세요!

개념다지기 문제 1 **길이가 30㎝인 용수철에 추를 매달고 그 길이를 재었더니 아래의 표와 같았어요. 추의 무게를 xg, 용수철의 길이를 y㎝라고 할 때 x와 y 사이의 관계식을 구하여 봅시다.**

추의 무게 x(g)	0	10	20	30	…
용수철의 길이 y(㎝)	30	32	34	36	…

풀이 용수철의 처음 길이가 30㎝이고, 추의 무게가 10g 증가할 때마다 용수철은 2㎝씩 늘어나므로

기울기$=\dfrac{(y\text{값의 증가량})}{(x\text{값의 증가량})}=\dfrac{2}{10}=\dfrac{1}{5}$이에요.

또한 이 그래프는 (0, 30)을 지나므로 $y=\dfrac{1}{5}x+30$이 된답니다.

개념다지기 문제 2 고고학자들은 유골을 이용해 뼈의 주인이 살아 있을 당시의 키를 추정합니다. 이때 발견한 유골이 대퇴골(F), 경골(T), 상박골(H), 요골(R) 등 어느 부위인지에 따라 그 길이를 기준으로 키(h)를 구한다고 해요. 만약 45cm인 대퇴골을 발견했다면 남성인 경우와 여성인 경우 각각의 키를 구해 봐요.

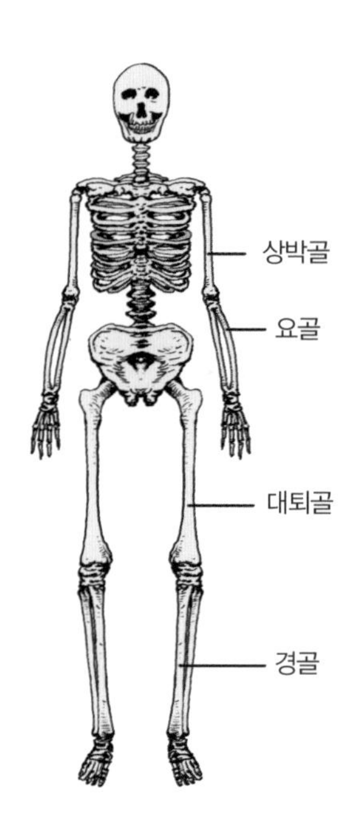

키(h) / 신체 부위	남성의 키	여성의 키
대퇴골(F)	$h=2.2F+69.1$	$h=2.3F+61.4$
경골(T)	$h=2.4T+81.7$	$h=2.5T+72.9$
상박골(H)	$h=3H+73.6$	$h=3.1H+65$
요골(R)	$h=3.7R+80.4$	$h=3.9R+73.5$

풀이 남성의 대퇴골인 경우 키는 $h=2.2\times45+69.1=168.1$(cm)이고, 여성의 대퇴골인 경우 키는 $h=2.3\times45+61.4=164.9$(cm)입니다.

개념다지기 문제 3 영민이네 학교에서는 2학년 학부모 회의를 하면서 일회용 종이컵을 사용했습니다. 회의를 마친 후 종이컵 수거함 2개의 높이를 측정하였더니 각각 90cm와 102cm였어요. 종이컵 하나의 높이는 12cm이고, 한 개를 쌓을 때마다 0.6cm씩 높아진다고 합니다.

(1) 종이컵을 x개 쌓았을 때의 높이를 $y$cm라고 하면 x, y의 관계

식은 어떻게 될까요? (단, x는 가장 아래에 있는 종이컵 위에 쌓이는 컵의 개수입니다.)

(2) 두 수거함에 쌓인 종이컵은 모두 합하여 몇 개일까요?

풀이

(1) 맨 밑에 놓인 종이컵의 높이가 12cm이고, 한 개씩 더 쌓일 때마다 높이가 0.6cm씩 늘어나므로 $y=12+0.6x$가 됩니다.

(2) 컵의 높이가 90cm 수거함의 경우 $y=12+0.6x$에서 y에 90을 대입하면

$$90=12+0.6x$$
$$0.6x=78$$
$$\therefore x=130$$

마찬가지로 컵의 높이가 102cm 수거함의 경우

$$102=12+0.6x$$
$$0.6x=90$$
$$\therefore x=150$$

그런데 x는 가장 아래에 있는 종이컵을 뺀 나머지 컵의 개수예요. 따라서 사용한 종이컵은 모두 $130+1+150+1=282$(개)입니다.

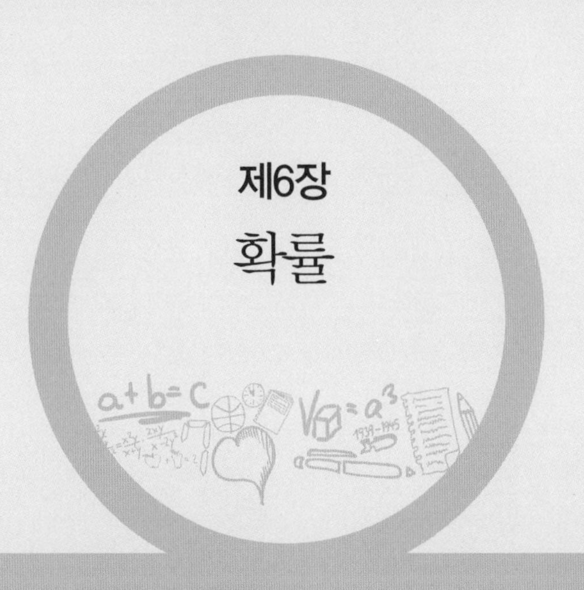

제6장
확률

1. 스포츠 과학은 확률이 한몫!

지금부터 우리는 스포츠에 관하여 수학적으로 탐구할 거예요. 먼저 요즘 인기가 높은 야구 경기의 타율 이야기를 해 볼까요?

홍길동 선수의 야구 경기 성적은 다음 표와 같아요.

표는 홍길동 선수가 출전한 10회 경기를 기록한 것인데 (가)는 타격수이고, (나)는 안타 수입니다. 즉 (가)회 공격해서 (나)회 안타를 쳤다는 뜻이에요. 따라서 안타를 치는 확률은 $\frac{(나)}{(가)}=\frac{(안타\ 수)}{(타격수)}$ 이고 이것을 '타율' 또는 '타격률'이라고 말해요.

예를 들어 타율이 $\frac{3}{10}=0.3$이라면, 타석에 10번 서서 3번 안타를 친 것, 즉 안타를 칠 확률이 $\frac{3}{10}$이라고 말하는 것과 같아요.

	타격수	안타 수
5월 1일	4	2
5월 2일	4	1
5월 4일	5	2
5월 6일	4	1
5월 7일	3	1
5월 9일	4	1
5월 10일	4	1
5월 11일	5	1
5월 13일	3	1
5월 14일	4	1
합계	(가)	(나)

위 타율 표에서 (가), (나)를 계산하여 볼까요? 초등학교 산수 실력이면 충분하답니다.

먼저 (가)는 40이고, (나)는 12가 되어요.

그러므로 $\frac{(나)}{(가)}=\frac{12}{40}=0.3$이고 3할이라고 말해요. 이렇게 타율을 말할 때는 소수점 아래 첫 번째 자리는 '할', 두 번째 자리는 '푼', 세 번째 자리는 '리'라고 불러요.

예를 들어 100타수 30안타의 타율은 $\frac{30}{100}=0.3$이자 3할입니다. 그러나 100타수 27안타의 타율은 $\frac{27}{100}=0.27$이자 2할 7푼이라고 말하지요.

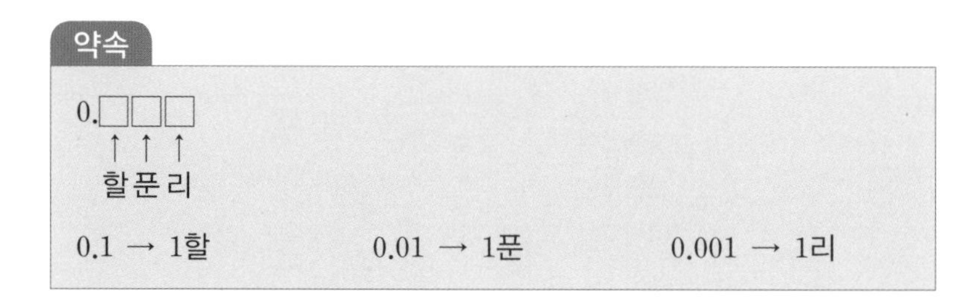

약속

0.□□□
↑ ↑ ↑
할 푼 리

0.1 → 1할　　0.01 → 1푼　　0.001 → 1리

보통 3할을 치는 야구 선수의 인기는 2할 7푼인 타자와는 꽤 많이 달라요. 2할 7푼의 선수가 3할이 되려면 100타수에 대하여 3개만 안타를 더 치면 돼요. 다시 말해서 $\frac{100}{3}=33.3$이므로 33타석에서는 동안 최소 한 번씩 안타를 치면 된다는 뜻으로 해석할 수 있답니다. 실제 야구 경기는 보통 한 경기당 4타석 정도를 출전할 수 있어요. 즉 33타석에 서려면 최소 8번의 경기를 치러야 하고 그동안 한 번의 안타를 치면 된다는 논리가 성립한답니다.

하지만 실제로 선수에게 3할과 2할 7푼의 차이는 일류가 되느냐, 못 되느냐를 가르는 갈림길이에요. 보기에는 차이가 큰 것 같지 않아도 달성하려면 정말 어려운 일이지요. 이처럼 0.3과 0.27의 차이는 여러분이 생각하는 것보다 큰 의미가 있답니다.

2. 경우의 수

여러분은 중국집에 가서 메뉴를 정할 때 '짜장면을 먹을까? 짬뽕을 먹을까?' 하고 한 번쯤은 고민해 본 적이 있을 거예요. 이런 손님의 마음을 알고 등장한 메뉴가 바로 '짬짜면'이지요. 이런 일은 다른 곳에서도 일어나요. 예를 들어 어느 아이스크림 전문점에서는 무엇을 고를까 고민하는 손님을 위해서 골라 먹는 재미를 느끼도록 했어요. 이처럼 물건을 살 때나 음식을 고를 때 선택할 수 있는 가짓수를 수학에서는 **경우의 수**라고 부르는데, 특히 확률에서 매우 중요한 개념이에요.

갑돌이와 갑순이가 게임을 하는데 먼저 시작하는 사람을 가위, 바위, 보 게임으로 정하려고 해요. 갑돌이가 가위, 바위, 보 중에서 낼 수 있는 경우의 수는 모두 3가지이고, 갑순이 역시 3가지랍니다.

이처럼 같은 조건 아래에서 여러 번 반복할 수 있는 실험이나 관찰에 의하여 일어나는 결과를 **사건**이라고 하고, 사건이 일어나는 가짓수를 **경우의 수**라고 해요.

보통 우리는 '사건' 하면 TV 뉴스에서 보도되는 좋지 않은 사건 사고를 떠올리지만 여기서의 사건이란 영어로 'event'를 말해요. 수학에서는 먼저 용어를 친숙하게 익히는 일이 매우 중요하다는 것 잊지 마세요.

한 가지 더! 주사위를 던지거나 명절에 많이 하는 윷놀이도 같은 조건에서 하는 일이므로 사건이라고 말할 수 있어요. 뿐만 아니라 화투와 트럼프 게임 모두 확률의 좋은 소재랍니다.

개념다지기 문제 **한 개의 주사위를 던졌을 때, 다음의 경우를 생각해 봅시다.**

(1) 짝수의 눈이 나오는 경우의 수

(2) 소수의 눈이 나오는 경우의 수

풀이

(1) 주사위의 눈은 모두 1, 2, 3, 4, 5, 6이고, 그 가운데 짝수는 2, 4, 6이므로 짝수가 나오는 경우의 수는 3가지입니다.

(2) 소수는 2, 3, 5이므로 이때에도 경우의 수는 3가지가 됩니다.

위 문제에서 짝수의 눈이 나오는 경우의 수는 3가지예요. 그렇다면 홀수의 눈이 나오는 경우의 수는? 홀수는 1, 3, 5이므로 역시 3가지가 되어요. 그런데 짝수의 눈과 홀수의 눈이 동시에 나올 수 있을까요? 그건 절대로 불가능하답니다. 그러므로 '짝수 또는 홀수가 나오는 경우의 수'는 짝수의 경우의 수 3가지와 홀수의 경우의 수 3가지를 합해서 $3+3=6$가지예요.

여기에서 주목해야 할 것은 '또는'이란 단어랍니다. 경우의 수에서 '또는'이란 단어가 나오면 가짓수를 더해야 된다는 것을 명심하세요!

약속

사건 A가 일어나는 경우의 수가 a가지, 사건 B가 일어나는 경우의 수가 b가지이고 두 사건이 동시에 일어나지 않을 때, A 또는 B가 일어나는 경우의 수는 $a+b$(가지)이다.

이번에는 서로 다른 두 개의 주사위를 던질 때 나오는 눈의 합이 5 또는 6이 되는 경우의 수를 구해 볼까요?

각 사건이 일어나는 경우를 순서쌍으로 나타내면 다음과 같이 모두 36가지예요.

$$(1,\ 1)\ (1,\ 2)\ (1,\ 3),\ \cdots,\ (1,\ 6)$$
$$(2,\ 1)\ (2,\ 2)\ (2,\ 3),\ \cdots,\ (2,\ 6)$$
$$\vdots$$
$$(6,\ 1)\ (6,\ 2)\ (6,\ 3),\ \cdots,\ (6,\ 6)$$

주사위 2개의 눈 6가지가 각각 취할 수 있는 경우의 수이므로 모두 $6\times6=36$가지가 되는 거랍니다.

이때 합이 5가 되는 사건은 (1, 4), (2, 3), (3, 2), (4, 1)

합이 6이 되는 사건은 (1, 5), (2, 4), (3, 3), (4, 2), (5, 1)

이 두 사건은 동시에 일어나지 않으므로 가짓수를 모두 더해야 하겠죠? 그러므로 구하는 경우의 수는 모두 $4+5=9$(가지)입니다.

한 가지 문제를 더 풀어 봐요. 여기에 4가지 아이스크림이 있어요. 각각 아몬드, 딸기, 요거트, 치즈 아이스크림이랍니다. 만일 2가지만 골라 먹는다면 먹을 수 있는 경우의 수는 모두 몇 가지가 될까요? (이때 똑같은 것을 두 번 선택하지는 않습니다.)

만약 어떤 학생이 아몬드를 좋아해서 제일 먼저 아몬드를 선택한다면, 나머지 한 가지를 더 선택할 수 있는 경우의 수는 아몬드를 제외한 나머지 3가지가 됩니다. 즉 (아몬드, 딸기), (아몬드, 요거트), (아몬드, 치즈)가 되는 것이지요. 그러나 처음에 아몬드 대신 딸기를 선택할 수도 있겠지요? 이 경우에는 (딸기, 아몬드), (딸기,

요거트), (딸기, 치즈)가 되어요. 그럼 다음에 생각할 수 있는 것은? 바로 다른 아이스크림을 먼저 선택했을 때의 경우의 수겠지요?

만약 요거트를 처음으로 선택한다면 (요거트, 아몬드), (요거트, 딸기), (요거트, 치즈)가 되고, 치즈를 처음으로 택한다면 (치즈, 아몬드), (치즈, 딸기), (치즈, 요거트)가 되어요.

그러므로 선택할 수 있는 경우의 수는 모두 12가지입니다.

이제는 위와 같이 일일이 나열하지 말고 수학적으로 한번 사고해 봐요. 즉 처음 선택할 수 있는 경우의 수는 모두 4가지이고, 두 번째 선택할 수 있는 경우의 수는 각각 3가지씩이므로 $4\times3=12$(가지)가 되는 것이지요.

약속

사건 A가 일어나는 경우의 수가 a가지, 그 각각에 대하여 사건 B가 b가지로 일어날 때, 사건 A와 사건 B가 동시에 일어나는 경우의 수는 $a\times b$(가지)이다.

개념다지기 문제 **빨강, 노랑, 초록 3가지 색으로 우리나라 지도를 색칠하려고 합니다. 3가지 색 중에서 2가지 이상을 사용하여 다음과 같이 전라도와 경상도를 구분한다면, 색칠할 수 있는 경우의 수는 모두 몇 가지일까요?**

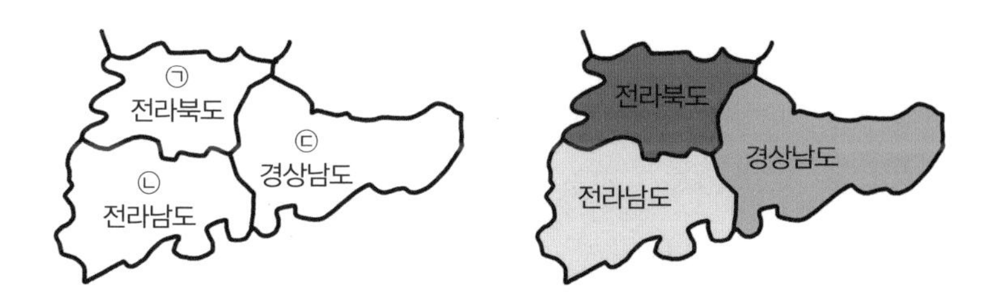

풀이 먼저 그림과 같이 세 영역을 ㉠, ㉡, ㉢으로 표시해요.
먼저 ㉠을 색칠한다면 선택할 수 있는 경우의 수는 3가지이고, ㉡은 ㉠과 다른 색이어야 하므로 2가지 색깔이 남습니다. 그다음 ㉢은 ㉠, ㉡과도 다른 색이어야 하므로 칠할 수 있는 색깔은 1가지밖에 없답니다. 따라서 색칠하는 경우의 수는 $3 \times 2 \times 1 = 6$(가지)가 되어요.

3. 확률은 우연의 학문

지금까지 우리가 배운 수학은 계산하거나 방정식의 풀이를 구하는 등 확실한 답이 있는 것들이었어요. 그러나 세상에는 뚜렷한 이유도 없이 발생하는 일이 종종 일어나기도 해요. 사람들은 그것을 '우연' 또는 '운'이라고 말하지요. 요즘 많은 사람들이 인생 역전을 꿈꾸면서 로또 복권을 구입해요. 하지만 로또에 당첨될 확률은 '벼락 맞는 확률'보다 낮기 때문에 매우 드문 일이라고 하지요. 사람들은 그것을 알면서도 로또 1등 판매점 앞에 줄을 서서 로또를 구입하는 진풍경을 연출하기도 해요.

1975년 경주 안압지를 발굴할 때 통일신라시대의 주사위도 함께 발견되었어요. 그 주사위는 우리가 흔히 사용하는 정육면체 주사위와 모양이 사뭇 달랐답니다. 이 주사위는 정사각형 6개와 정육각형이 아닌 육각형 8개로 이루어진 십사면체였어요. 신라 시대 귀족들이 재미삼아 가지고 놀던 주사위로 '목제주령구'라고 불렸답니다. 어떤 사람이 이 주사위의 각 면에다 1부터 14까지 숫자를 적은 후에 총 7000번을 반복하여 던지는 실험을 해 보았어요.

면에 적힌 수	1	2	3	4	5	6	7
나온 횟수	532	497	522	493	531	513	493
면에 적힌 수	8	9	10	11	12	13	14
나온 횟수	492	486	468	471	475	542	485

주사위의 면들이 정육면체 주사위처럼 합동인 도형이 아니라 정사각형과 육각형이 섞였음에도 불구하고, 각 면이 나온 횟수는 거의 500에 가깝게 비슷한 비율로 나왔어요. 만약 7000번보다 더 많이 10000번이나 100000번을 실험한다면 횟수의 차이가 더 줄어들 거예요. 이처럼 목제주령구는 세계적으로 자랑할 수 있는 우

리의 수학 문화유산이랍니다.

이처럼 실험을 하여 얻은 확률을 **통계적 확률**, 주사위 문제처럼 이론적으로 유추하는 확률을 **수학적 확률**이라고 말해요.

약속

1. 같은 조건 아래 많은 횟수의 실험이나 관찰을 할 때, 어떤 사건이 일어나는 상대도수가 일정한 값에 가까워지면 그 일정한 값을 그 사건이 일어날 확률이라고 한다.
2. 상대도수$=\dfrac{\text{계급의 도수}}{\text{전체도수}}$

개념다지기 문제 1 **다음 표는 두 농구선수의 3점슛 성적표입니다. 농구 경기에서 연달아 3점을 올리는 것은 쉽지 않을 뿐더러 승패에 결정적인 영향을 미치지요. 표를 보고 어느 선수의 3점 성공률이 더 높은지 구하여 봅시다.**

선수	갑	을
3점 시도 슛	50	35
3점 성공 슛	22	14

풀이 성공률은 $\dfrac{\text{(성공 슛)}}{\text{(시도 슛)}}$이므로 선수 갑의 성공률은 $\dfrac{22}{50}=0.44$이고, 선수 을의 성공률은 $\dfrac{14}{35}=0.4$이므로 갑의 성공률이 더 높습니다.

이 문제는 농구선수의 슛 성공률을 상대도수로 판정한 것입니다.

이 개념은 농구뿐만 아니라 야구, 축구, 핸드볼 등 여러 스포츠 경기에서도 활용돼요. 이제 스포츠 과학이란 단어의 뜻이 실감나지요?

약속

실험과 관찰에서 각 경우가 일어날 가능성이 같을 때, 일어날 수 있는 모든 경우를 n가지, 사건 A가 일어나는 경우를 a가지라고 하면 사건 A가 일어날 확률 p는 다음과 같다.

$$p=\frac{(\text{사건 } A\text{가 일어나는 경우의 수})}{(\text{모든 경우의 수})}=\frac{a}{n}$$

개념다지기 문제 2 **다음 확률을 구하여 봅시다.**

(1) 갑과 을이 가위 · 바위 · 보를 한 번 할 때, 갑이 이길 확률은?

(2) 갑, 을, 병이 가위 · 바위 · 보를 한 번 할 때, 3명이 모두 비길 확률은?

풀이

(1) 갑과 을이 내는 가위 · 바위 · 보를 순서쌍으로 표시하면 다음과 같아요.

(가위, 가위) (가위, 바위) (가위, 보)
(바위, 가위) (바위, 바위) (바위, 보)
(보, 가위) (보, 바위) (보, 보)

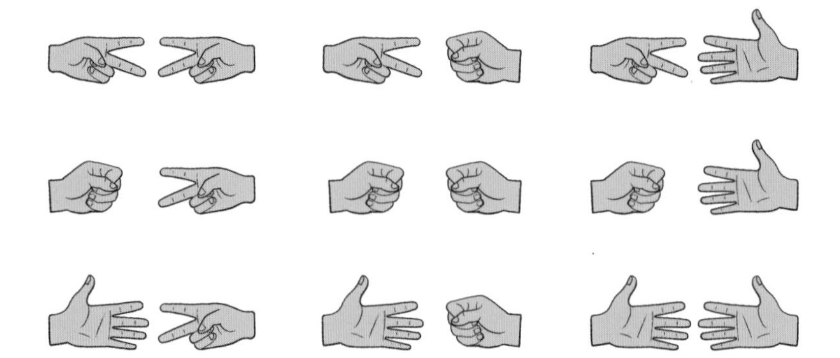

이처럼 경우의 수는 모두 9가지예요.

이때 갑이 이기는 경우는 $\frac{3}{9}=\frac{1}{3}$, 서로 비기는 경우는 $\frac{3}{9}=\frac{1}{3}$, 갑이 지는 경우는 $\frac{3}{9}=\frac{1}{3}$이 된답니다.

(2) 갑, 을, 병 세 사람이 가위 · 바위 · 보를 하기 때문에 조금 더 복잡해져요.

갑이 낼 수 있는 경우의 수는 3가지이고, 을과 병도 마찬가지입니다.

따라서 전체 경우의 수는 $3\times3\times3=3^3=27$(가지)이고, 이 가운데 비기는 경우는 세 명이 똑같이 내는 경우이므로 3가지이지요. 그러므로 3명 모두 비길 확률은 $\frac{3}{27}=\frac{1}{9}$입니다.

생각 열기

설날에 친척들이 모여서 즐기는 윷놀이는 네 개의 윷가락을 던져 나오는 패에 따라 윷말을 움직이는 전통놀이입니다. 윷은 동그스름한 곡면과 평평한 평면의 개수에 따라 '도, 개, 걸, 윷, 모'가 결정돼요. 그런데 윷놀이를 하다 보면 유난히 '윷과 모'가 잘 나오는 사람이 있는가 하면, 늘 '개와 걸'이 많이 나와서 속상해 하는 사람도 있어요. 왜 윷은 주사위와 달리 각 패가 나오는 확률이 다르다고 느껴질까요? 수학적으로 그 원인을 한번 짚어 봐요.

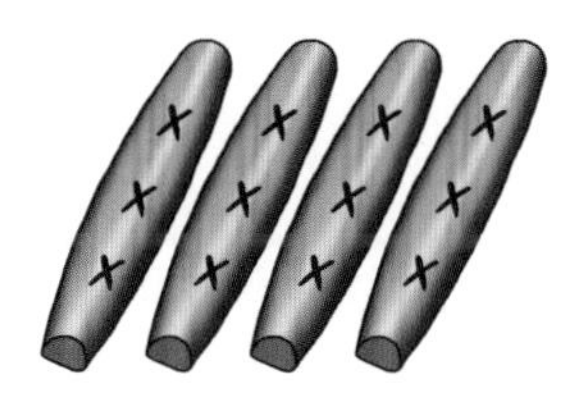

윷가락 한 개를 던져서 나오는 경우의 수는 곡면 아니면 평면으로 2가지예요. 그런데 윷가락은 모두 4개이므로 각각의 경우에 곱의 법칙이 성립해서 $2\times2\times2\times2=16$(가지)입니다. 각각의 윷 패가 나오는 횟수는 아래 표와 같아요.

평면이 나온 개수	0	1	2	3	4
경우의 수	1	4	6	4	1
윷패	모	도	개	걸	윷

각 윷패의 확률을 순서대로 나열하면 전체 경우의 수가 16이므로 모와 윷은 $\frac{1}{16}$, 도와 걸은 $\frac{4}{16}$가 되고, 개는 $\frac{6}{16}$임을 알 수 있어요. 즉 윷놀이를 할 때 모와 윷을 자주 볼 수 없는 게 당연하답니다!

더 알아보기 **확률이 같지만 실제로 윷놀이를 할 때 걸이 도보다 많이 나오곤 하는데 그 이유는 무엇일까요?**

걸이 도보다 더 많이 나오는 것은 위를 향하는 윷가락의 곡면이 1개인 걸이 3개인 도보다 나오는 횟수가 많다는 뜻이에요. 그 이유는 윷가락 곡면의 넓이가 평면의 넓이보다 더 크기 때문에 바닥에 놓이는 확률이 더 높게 나오기 때문이랍니다.

4. 확률의 성질

사람이 손해를 보기 싫어하는 마음을 잘 표현한 일화가 있습니다. 어떤 미국의 유명한 잡지사에서 그동안 게재한 만화 중 가장 인기 있는 만화를 선정해 상을 주었어요. 일등으로 당선된 만화에는 다음과 같은 내용이 들어 있었어요.

"배는 난파되었고 선원은 오직 두 사람만 살아남아 무인도에 상륙하였어요. 구사일생으로 살아난 두 선원 중 한 사람이 친구에게 주사위를 보여 주면서 확률 놀이를 하자고 말했지요."

이 만화와 함께 생각해 볼 이야기가 하나 있어요. 바로 여러분도 잘 아는 『로빈슨 크루소』예요. 이 책은 혼자 무인도에 떨어진 로빈슨이 합리적인 생각을 실천하면서 구조선이 올 때까지 살아

남는 이야기를 담고 있어요. 그런데 만약에 로빈슨이 다른 사람과 함께 무인도에 있었다면 어땠을까요? 서로 어울려 도우며 살았을까요, 아니면 자신이 살아남기 위해 더 노력했을까요?

앞에서 언급한 만화는 인간이 공동체를 만들 때는 남보다 이익을 보려는 생각과 자신에게 행운이 따르기를 기대하는 심리가 함께 작용한다는 것을 암시하고 있어요. 즉 심리학과 함께 확률이라는 개념도 사용되었다는 것을 보여 준답니다.

주머니 속에 모양과 크기가 같은 빨간 구슬 3개와 파란 구슬 4개가 들어 있다고 해 봐요. 만약 그 주머니에서 임의로 구슬을 한 개 꺼낼 때, 다음 확률은 얼마인지 알아보도록 해요.

(1) 빨간 구슬이 나올 확률

(2) 흰 구슬이 나올 확률

(3) 파란 구슬 또는 빨간 구슬이 나올 확률

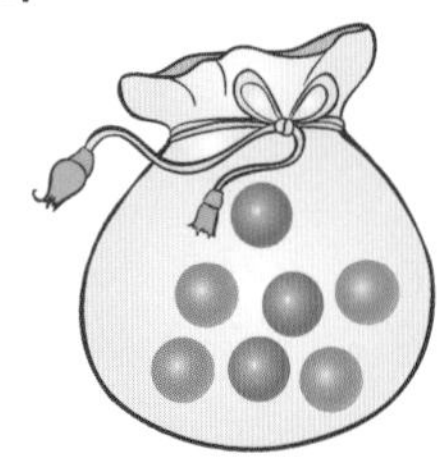

먼저 주머니에 들어 있는 7개의 구슬 중에서 빨간 구슬은 3개이므로 한 개의 구슬을 꺼낼 때 빨간색이 나올 확률은 $\frac{3}{7}$입니다. 또한 주머니에 흰 구슬은 들어 있지 않으므로 한 개의 공을 꺼낼 때 흰 구슬이 나올 확률은 $\frac{0}{7}=0$이지요. 즉 흰 구슬이 나오는 일은 절대로 있을 수 없는 사건이에요.

그리고 주머니에 들어 있는 7개의 구슬 가운데 파란 구슬은 4개이므로 파란 구슬이 나올 확률은 $\frac{4}{7}$입니다. 그런데 문제에서 '또는'을 물어봤으므로 두 가지 경우의 수를 더해야 하지요. 따라서 구하는 확률은 빨간색이 나올 확률과 파란색이 나올 확률을 더해서 $\frac{3+4}{7}=1$이 되어요. 이는 주머니에서 어떤 구슬을 꺼내더라도 반드시 빨간 구슬이거나 파란 구슬이므로, 즉 반드시 일어나는 사건이기 때문에 확률이 1이 되는 것이지요.

약속

1. 확률의 성질

어떤 사건 A가 일어날 확률을 p라고 하면

① $0 \le p \le 1$

② 반드시 일어나는 사건의 확률은 1

③ 절대로 일어나지 않는 사건의 확률은 0

2. 어떤 사건 A가 일어날 확률을 p라고 하면, 사건 A가 일어나지 않을 확률은 $1-p$

개념다지기 문제 의사는 초음파 검진을 한 후 태아가 세쌍둥이라고 말했어요.

(1) 태어나는 아기 세 명이 모두 딸일 확률은 얼마일까요?

(2) 적어도 아들이 한 명 이상일 확률은 얼마일까요?

풀이

(1) 한 명이 딸일 확률은 $\frac{1}{2}$이고, 세 명 모두 딸이 되는 경우는 동시에 일어나야 하는 사건이므로 $\frac{1}{2}\times\frac{1}{2}\times\frac{1}{2}=\frac{1}{8}$이 됩니다.

(2) 적어도 아들이 한 명 이상이라는 사실은 다음과 같은 경우를 뜻합니다. 즉 아들이 1명, 2명, 3명인 경우를 더하면 되지요. 이 사실을 논리적으로 생각하면 보다 쉬워져요. 모든 경우의 수에서 (딸, 딸, 딸)의 경우를 빼면 되는 거지요.

다시 말해서 적어도 아들이 한 명 이상일 확률은 1−(세 명 모두 딸일 확률)$=1-\frac{1}{8}=\frac{7}{8}$이 됩니다.

5. 확률의 계산

은지는 학교에서 고전 음악 감상부의 회원이에요. 그 동아리에서는 교향곡을 감상하려고 합니다. 지도 선생님이 작곡가와 교향곡을 올바르게 연결하는 사람에게는 선물을 주겠다고 말했어요. 만약 고전 음악을 전혀 모르는 사람이 임의로 문제를 푼다고 할 때 운 좋게 정답을 맞힐 확률은 얼마일까요?

베토벤 •	• 신세계 교향곡
슈베르트 •	• 미완성 교향곡
드보르작 •	• 비창 교향곡
	• 운명 교향곡

우선 첫 번째 베토벤과 교향곡을 연결할 수 있는 경우는 4가지이고, 두 번째 슈베르트와 교향곡을 연결할 수 있는 경우는 3가지, 세 번째 드보르작의 곡을 선택할 수 있는 경우는 2가지예요. 따라서 $4\times3\times2=24$가지가 된답니다. 하지만 정답은 한 가지이므로 정답을 맞힐 확률은 $\frac{1}{24}$이 되어요.

개념다지기 문제 **두 개의 주사위를 동시에 던질 때 나오는 눈의 수를 더한 합이 3 또는 7일 확률을 구하여 봅시다.**

풀이 서로 다른 두 개의 주사위를 던질 때 일어날 수 있는 모든 경우의 수는 $6\times6=36$가지예요. 그 가운데 눈의 수의 합이 3이 되는 경우의 수는 (1, 2), (2, 1)의 2가지이므로 눈의 합이 3이 되는 확률은 $\frac{2}{36}$입니다.
또 눈의 합이 7이 되는 경우의 수는 (1, 6), (2, 5), (3, 4), (4, 3), (5, 2), (6, 1)의 6가지이므로 눈의 합이 7이 될 확률은 $\frac{6}{36}$이에요.
따라서 눈의 합이 3 또는 7이 될 확률은 $\frac{2}{36}+\frac{6}{36}=\frac{8}{36}=\frac{2}{9}$랍니다.

약속

1. **A 또는 B가 일어날 확률** : 합의 법칙

   두 사건 A, B가 동시에 일어나지 않을 때,

   A가 일어날 확률을 p, B가 일어날 확률을 q라고 하면, A 또는 B가 일어날 확률은 $p+q$.

2. **A와 B가 동시에 일어날 확률** : 곱의 법칙

   두 사건 A, B가 서로 영향을 끼치지 않을 때,

   사건 A가 일어날 확률을 p, 사건 B가 일어날 확률을 q라고 하면

   사건 A와 사건 B가 동시에 일어날 확률은 $p\times q$ 또는 pq.

이번에는 다른 문제를 살펴봐요. 인철이는 시험을 보았는데 4지선다형 문제가 25개였어요. 그중 모르는 문제 3개는 아무거나 골라서 답으로 표시했지요.

(1) 모르는 문제 3개를 모두 맞힐 확률은 얼마나 될까요?

(2) 모르는 문제 3개 중 적어도 1개의 정답을 맞힐 확률은 얼마나 될까요?

먼저 (1)번 문제를 보면 문제 3개의 답을 선택하는 것은 서로 영향을 미치지 않는 사건입니다. 그러므로 첫 번째 4지선다형 문제를 맞힐 확률은 $\frac{1}{4}$이고, 두 번째 문제를 맞힐 확률도 $\frac{1}{4}$이지요. 세 번째 문제도 역시 $\frac{1}{4}$이므로 '약속 2'를 적용하여 곱의 법칙을 사용하면 $\frac{1}{4}\times\frac{1}{4}\times\frac{1}{4}=\frac{1}{64}$이 됩니다. 따라서 아무 답이나 골라서

세 문제를 다 맞힌다는 것은 매우 드문 확률이라는 사실을 알겠죠?

이제 두 번째 문제를 살펴봐요. 모르는 문제 3개 중에서 적어도 한 문제를 맞히는 것은 아래와 같이 모두 8가지 경우 중 앞의 7가지에 해당돼요.

OOO　OOX　OXO　XOO

XXO　XOX　OXX　XXX

즉 3개 모두 틀릴 확률을 구하여 전체 확률 1에서 빼면 간단하답니다. 문제를 틀릴 확률은 한 문제당 $\frac{3}{4}$이에요. 따라서 3개 모두 틀릴 확률은 $\frac{3}{4}\times\frac{3}{4}\times\frac{3}{4}=\frac{27}{64}$이 되므로 적어도 한 문제를 맞힐 확률은 $1-\frac{27}{64}=\frac{37}{64}$입니다. 모르는 문제 3개의 답을 무작정 골랐을 때 적어도 1개가 정답일 확률은 $\frac{37}{64}\fallingdotseq 0.58$이라는 뜻이에요. 뭐라고요? 해 볼 만하다고요?

이러한 확률 계산이 우리 생활에 가장 밀접하게 쓰이는 것 중의 하나가 바로 일기예보입니다. 만일 기상청에서 토요일에 비가 올 확률이 60%, 일요일에 비가 올 확률이 70%라고 보도했다면, 토요일과 일요일 이틀 동안 비가 올 확률은 얼마일까요?

토요일과 일요일 모두 비가 와야 하므로 곱의 법칙을 적용하면 구하는 확률은 $0.6\times0.7=0.42$랍니다.

개념다지기 문제 1 예진이네 동네에 마트 하나가 새로 문을 열었어요. 그 마트에서는 물건을 구입한 모든 사람에게 번호를 적은 응모권을 주었어요. 응모권을 제출한 사람 중에서 추첨하여 1등 1명, 2등 2명, 3등 100명에게 상품을 준다고 해요. 응모에 참여한 고객 수는 모두 850명이라고 합니다. 예진이가 제출한 응모권 1장이 1등에 당첨될 확률은 얼마일까요? 또 2등에 당첨될 확률과 1등 또는 2등에 당첨될 확률은 얼마일까요?

풀이 1등에 당첨될 확률은 $\frac{1}{850}$이고, 2등에 당첨될 확률은 2명이므로 $\frac{2}{850}=\frac{1}{425}$이 됩니다. 그리고 1등 또는 2등에 당첨될 확률은 합의 법칙을 사용하여 $\frac{1}{850}+\frac{2}{850}=\frac{3}{850}$이 되어요.

개념다지기 문제 2 어떤 인터넷 사이트에서 설문에 참여하는 사람에게 추첨을 하여 경품을 준다고 해요. 모두 10000명이 참여하였고, 경품은 오직 40개만 준비되어 있답니다. 경품을 받을 확률은 얼마일까요?

풀이 어때요? $\frac{40}{10000}$이라고 쉽게 답이 나오나요? 이 분수를 약분해서 정답은 $\frac{1}{250}$이 됩니다.

6. 확률에 관한 우리나라 속담

우리나라 속담에는 확률과 연관된 이야기가 꽤 많아요. 대표적으로 몇 가지만 알아봐요.

① **한 치 앞을 모른다**: 사람의 일은 미리 짐작할 수 없다는 말로 어떤 일을 예측할 수 있는 확률이 낮다는 뜻이에요.

② **땅 짚고 헤엄치기**: 일이 의심할 여지가 없이 확실하다는 말이에요. 즉 일을 이루어낼 확률이 1이라는 뜻이지요. 예를 들어 주사위를 던져서 눈이 1, 2, 3, 4, 5, 6 중 어느 것이 나와

도 좋다면 각 눈이 나온 확률은 $\frac{1}{6}$이고, 눈은 모두 6개이므로 구하는 확률은 $\frac{1}{6}\times6=1$입니다.

③ **죽음 앞에는 나이가 없다:** 늙은이나 젊은이나 죽는 것은 매한가지라는 말로, 시기만 다를 뿐 누구나 언젠가는 반드시 죽는다는 뜻이에요. 사망 사고는 개인에게는 아주 드문 일이지만 국민 전체를 놓고 볼 때 사고에 의한 사망률은 거의 일정하답니다. 이런 이유를 근거로 보험 회사에서는 미리 통계 자료를 분석하여 보험료를 정하고 있어요.

개념다지기 문제 1 **어느 패스트푸드점에서 다음 표와 같이 햄버거와 사이드 디시를 하나씩 묶어 세트 메뉴를 만들려고 합니다. 세트 메뉴를 모두 몇 가지 만들 수 있을까요?**

햄버거	사이드 디시
불고기버거	오징어링
치킨버거	감자칩
새우버거	치킨너깃

풀이 햄버거 종류는 3가지가 있고, 각각의 햄버거에 대해 사이드 디시를 3가지씩 선택할 수 있으므로 모든 세트의 수는 $3\times3=9$(가지)가 됩니다.

개념다지기 문제 2 **태호는 친구들과 함께 주사위 2개를 동시에 던져서 나온 두 수의 합이 얼마인지 알아맞히는 게임을 하고 있습니다. 태호가 게임에서 이기려면 어떤 합을 말해야 하며, 그 합이 나올 확률은 얼마인지 구하여 봅시다.**

풀이 주사위 1개를 던져서 나올 수 있는 눈의 수는 모두 1, 2, 3, 4, 5, 6의 6가지이므로 두 주사위를 동시에 던져서 나올 수 있는 눈의 수는 $6 \times 6 = 36$(가지)가 됩니다. 그중 두 눈의 합이 7인 경우가 6번으로 가장 많이 나오기 때문에 게임에서 이길 가능성이 가장 큰 눈의 합은 7이고, 그 확률은 $\frac{6}{36} = \frac{1}{6}$이 됩니다.

주사위 B \ 주사위 A	1	2	3	4	5	6
1	2	3	4	5	6	7
2	3	4	5	6	7	8
3	4	5	6	7	8	9
4	5	6	7	8	9	10
5	6	7	8	9	10	11
6	7	8	9	10	11	12

개념다지기 문제 3 **2012년 런던올림픽에서 인기가 높은 종목 중 하나가 사격이었어요. 사격은 양궁과 달리 10점보다 높은 10.9점까지 점수가 부여되는 경기인데 어느 사격 선수가 10점 이상을 맞힐 확률이 $\frac{7}{10}$이라고 해요. 두 번 연속 모두 10점 이상 맞출 확률을 구하여 봅시다.**

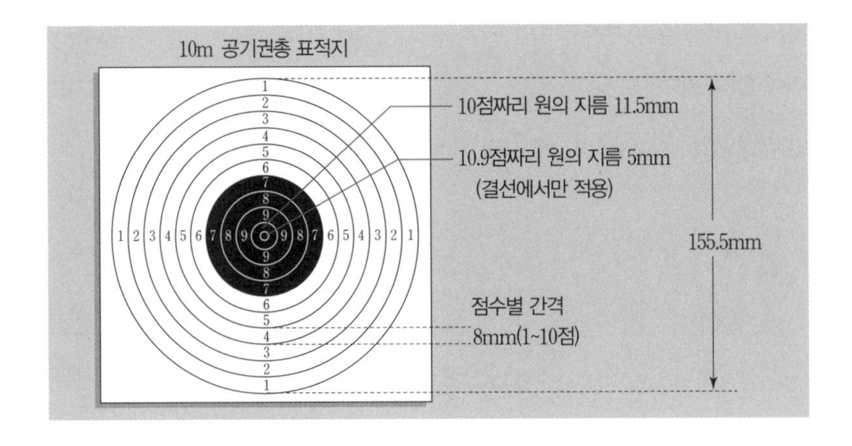

풀이 첫 번째와 두 번째 모두 10점 이상 맞출 확률은 동시에 일어나는 사건이에요. 10점 이상 맞힐 확률은 $\frac{7}{10}$이므로 두 번 모두 10점 이상 맞출 확률은 $\frac{7}{10}\times\frac{7}{10}=\frac{49}{100}=0.49$가 됩니다.

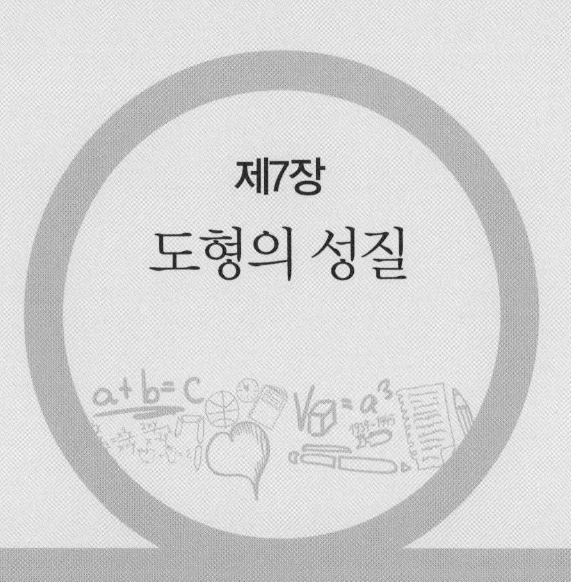

제7장
도형의 성질

1. 왜 도형을 공부해야 할까?

우리나라에서는 조선 시대 말까지 도형에 관한 문제, 가령 땅의 넓이라든가 거리와 높이의 계산 등을 모두 대수적으로 해결했어요. 우리 친구들도 원과 삼각형의 넓이 정도는 도형 없이도 척척 계산해 낼 수 있겠지요? 옛날 고대 이집트인도 도형을 토지의 측량학Geometry으로 보고 주로 식으로 표시하고 계산했어요.

그러나 고대 그리스인들은 도형의 문제를 꼼꼼하게 따지고 증명함으로써 측량학을 논리의 학문으로 바꾸었어요. 고대 그리스의 수학자 유클리드는 당시 도형에 관한 모든 지식을 『원론』이라는 책에 체계적으로 정리하여 인류 역사에 기념비적인 공헌을 했지요.

우리나라에서는 개화기에 신식 학교가 설립되면서 서양의 학문을 배울 수 있었어요. 그때 가장 중요하게 생각했던 분야 가운데 하나가 바로 도형을 배우는 기하학이었어요.

옛날 어떤 청년이 큰 꿈을 안고 신식 학교에 입학했어요. 그 청년이 맨 처음 배운 것은 서양의 수학인 기하학이었지요. 바로 '삼각형의 한 변은 다른 두 변의 길이의 합보다 짧다'라는 내용이었어요.

선생님은 미국에서 온 선교사로 눈이 파란 미국인이었어요. 파란 눈의 선생님은 어설픈 한국어로 『원론』의 공리axiom와 정의definition를 설명한 후에 정리theorem가 무엇인가도 설명하였어요. 그러자 당황한 청년은 이렇게 말했어요.

"선생님! 질문 있습니다. 그게 뭐 그리 중요하다고 길게 설명을 하십니까? 개도 뛰어갈 때는 직선으로 가는데 그런 간단한 것을 새삼스레 어렵게 배워야 할 필요를 저는 전혀 모르겠습니다!"

여러분도 처음 수학을 배울 때는 청년과 비슷한 생각을 한 적이 있을 거예요. 예로부터 동양에서는 주로 경험과 직관으로 사물을 인식해 왔어요. 우리나라 속담 가운데 '백문불여일견百聞不如一見'이라는 말이 있어요. 이것은 '백 번 들어도 한 번 보는 것보다는 못하다.'라는 뜻이지요.

반면 서양 수학의 기본은 증명이었어요. 사물뿐만 아니라 동물의 행동 등 모든 것을 일일이 증명해야만 했고 그 과정을 거친 다음 정리로 받아들였지요.

그리스인은 사람의 눈과 귀는 믿을 수 없는 것으로 생각하고 오직 머리만을 믿었어요. 즉 '이 세상에서 믿을 수 있는 것은 오직 머리로 하는 논리뿐'이라고 생각했답니다.

2. 이등변삼각형

삼각형이나 사각형 같은 다각형 중에서 가장 안전한 다각형은 삼각형입니다. 이 원리가 적용된 예로는 연주가들이 사용하는 악보 받침대, 자동으로 사진을 찍을 때 사용하는 카메라의 삼발이 등이에요. 이외에도 가정에서 흔히 볼 수 있는 물건으로는 접이식 빨래 건조대가 있어요.

세탁기에서 빨래를 꺼내어 건조대에 널 때, 건조대가 넘어지지 않고 균형을 잘 잡게 하려면 어떻게 해야 할까요? 그 원리는 바로 건조대 양쪽 다리의 벌어진 각도가 같으면 된답니다. 이처럼 가운데 중심선을 기준으로 벌어진 각도가 같은 삼각형을 **이등변삼각형**이라고 해요.

약속

두 변의 길이가 같은 삼각형을 이등변삼각형이라고 한다. 이때 길이가 같은 두 변이 이루는 각을 꼭지각, 꼭지각의 대변을 밑변, 밑변의 양 끝 각을 밑각이라고 부른다.

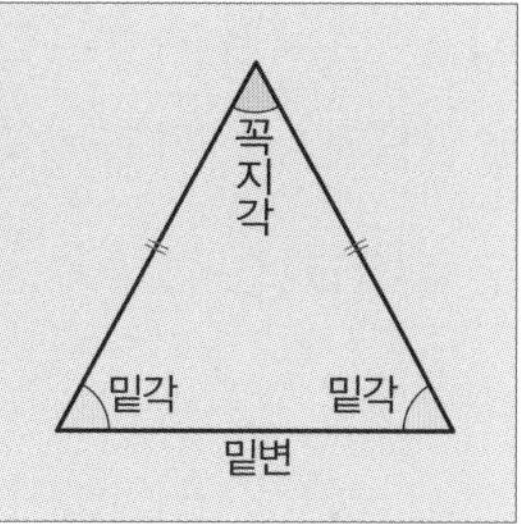

두 변의 길이가 같은 이등변삼각형은 빨래 건조대처럼 두 밑각이 같음을 알 수 있어요. 이것은 눈으로 쉽게 관찰되는 사실이지만 도형을 연구하는 기하학에서는 엄밀하게 논증적으로 증명해야 한답니다. 이 장에서는 증명하는 방법을 익히도록 해요.

증명은 3단계로 이루어지는데 먼저 참이라고 여기면서 우리가 받아들이는 사실을 **가정**, 그 다음에 참이라는 사실을 밝혀야 하는 우리의 목적이 **결론**, 가정에서 결론을 이끌어내는 과정을 **증명**이라고 해요. 자, 이제 어느 정도 이해되었죠? 그럼 실전으로 들어가 볼까요?

다음과 같이 가정과 결론은 말로 쓰지 않고 가능한 한 간단하게 수식으로 표기합니다.

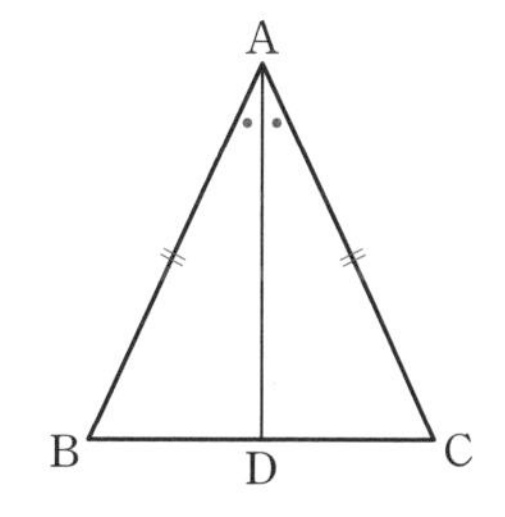

가정 : $\triangle ABC$에서 $\overline{AB}=\overline{AC}$

결론 : $\angle B=\angle C$

증명 : $\angle A$의 이등분선을 그어 밑변 BC와의 교점을 D라고 하면 $\triangle ABD$와 $\triangle ACD$가 생겨요.

$\overline{AB}=\overline{AC}$ (가정에 의해서) ……①

$\angle BAD=\angle CAD$ ($\angle A$를 이등분 했으므로) ……②

$\overline{AD}$는 공통 ……③

①, ②, ③에 의하여 대응하는 두 변의 길이가 같고 그 끼인 각의 크기가 같으므로 $\triangle ABD \equiv \triangle ACD$, 즉 두 삼각형은 합동입니다.

$\therefore \angle B=\angle C$

약속

이등변삼각형의 성질

이등변삼각형의 두 밑각의 크기는 같다.

더 알아보기 『원론』의 관문은 이등변삼각형의 정리

인류 역사상 최고의 베스트셀러는 고대 그리스의 『원론』과 기독교의 『성서』라고 합니다. 유클리드의 『원론』은 19세기까지 장장 2000년이라는 오랜 세월 동안 유럽 대학의 기본 교과서로 사용되었다고 해요. 『원론』의 맨 처음 정리1은 '한 변 $\overline{AB}$가 주어지면 그 위에 이등변삼각형을 그릴 수 있

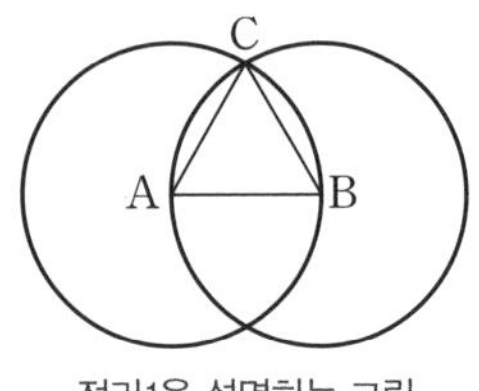

정리1을 설명하는 그림

다'에서 시작해요. 그리고 차례대로 정리2, 정리3, 정리4를 증명해 나간답니다.

다섯 번째의 정리가 방금 여러분이 배운 '이등변삼각형의 두 밑각의 크기는 같다'라는 내용이에요.

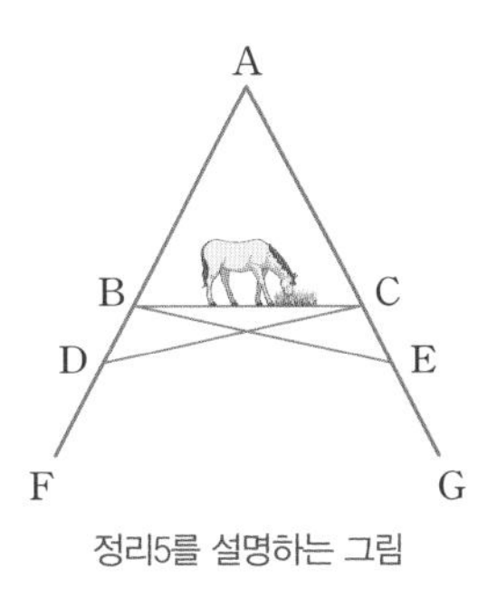

정리5를 설명하는 그림

정리4까지는 간단하지만 정리5의 증명은 다소 길고 지루하게 느껴질 수도 있어요. 그래서 많은 학생들이 이쯤에서 그만 도형에 대한 흥미를 잃고 수학을 포기하곤 했어요. 영국에서는 이 정리를 '도형에서 도망치는 길목' 또는 '당나귀의 다리'라고 불렀어요. 당나귀가 다리에서 떨어지는 것처럼 이 정리에서 떨

어져 나간다는 뜻이었지요.

설마 우리 친구들은 이 정리의 다리 위에서 떨어져 수학을 포기하지는 않겠죠?

개념다지기 문제 1 **다음 그림에서 $\angle x$와 $\angle y$를 구해 보세요.**

(1)

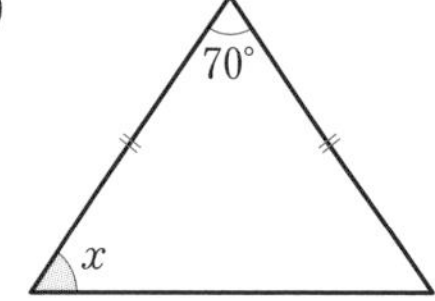

(2)

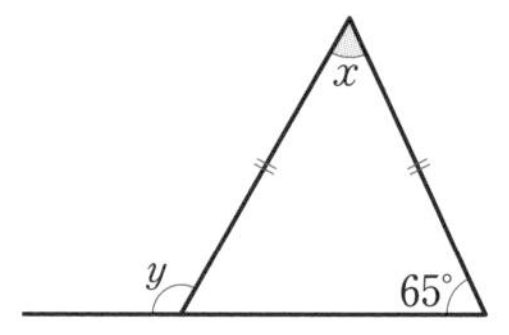

풀이

(1) 이등변삼각형의 두 밑각의 크기는 같으므로

$\angle x=(180°-70°)\div 2=110°\div 2=55°$

(2) 앞의 문제와 마찬가지로 두 밑각의 크기가 같아야 하므로

$\angle x=180°-(65°\times 2)=180°-130°=50°$

$\angle y=180°-65°=115°$

앞에서 증명한 것은 이등변삼각형의 두 변의 길이가 같으면, 두 내각의 크기가 같다는 내용이었어요. 이번에는 두 내각의 크기가 같으면 이등변삼각형임을 증명해 봅시다.

가정: $\triangle ABC$에서 $\angle B=\angle C$

결론: $\overline{AB}=\overline{AC}$

증명: $\angle$A의 이등분선을 그어 밑변 BC와의 교점을 D라고 하면 $\triangle$ABD와 $\triangle$ACD가 생겨요.

$\angle B = \angle C$ ($\because$ 가정)

$\angle$A의 이등분선을 그었으므로

$\angle BAD = \angle CAD$ ……①

삼각형에서 세 내각의 크기의 합은 180°이므로

$\triangle$ABD의 $\angle$ADB와 $\triangle$ACD의 $\angle$ADC는 같아야 합니다.

$\therefore \angle ADB = \angle ADC$ ……②

$\overline{AD}$는 공통 ……③

①, ②, ③에 의하여 대응하는 한 변의 길이가 같고, 그 양 끝 각의 크기가 같으므로 $\triangle ABD \equiv \triangle ACD$

$\therefore \overline{AB} = \overline{AC}$

약속

이등변삼각형이 되는 조건

두 내각의 크기가 같은 삼각형은 이등변삼각형이다.

개념다지기 문제 2 **오른쪽 삼각형에서 두 내각의 크기가 같을 때 x의 값을 구하여 봅시다.**

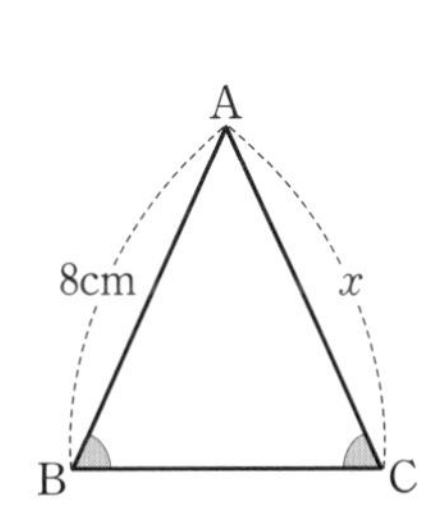

풀이

두 내각의 크기가 같은 삼각형은 이등변삼각형이므로 계산할 것도 없이 x는 8cm입니다.

이번에는 이등변삼각형에서 꼭지각인 ∠A의 이등분선과 밑변 $\overline{BC}$와의 교점을 D라고 할 때, $\overline{AD}$는 $\overline{BC}$를 수직 이등분하는 것을 증명해 봐요.

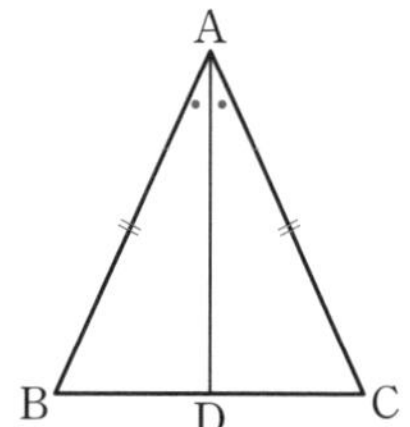

'수직 이등분'이라는 것은 직선 $\overline{AD}$가 밑변 $\overline{BC}$와 '수직'이면서 동시에 직선 $\overline{AD}$가 $\overline{BC}$를 '이등분한다'는 뜻이에요.

가정: △ABC에서 $\overline{AB}=\overline{AC}$(∵ 이등변삼각형이므로)

∠BAD=∠CAD (∵ A의 이등분선이므로)

결론: $\overline{BD}=\overline{CD}$, $\overline{AD}\perp\overline{BC}$

증명: △ABD와 △ACD에서

$\overline{AB}=\overline{AC}$ (∵ 가정) ……①

∠BAD=∠CAD (∵ 가정) ……②

$\overline{AD}$는 공통 ……③

①, ②, ③에서 대응하는 두 변의 길이가 각각 같고, 그 끼인 각의 크기가 같으므로 △ABD≡△ACD

∴ $\overline{BD}=\overline{CD}$

또한 $\angle ADB = \angle ADC$이고, $\angle ADB + \angle ADC = 180°$이므로

$\angle ADB = \angle ADC = 90°$

$\therefore \overline{AD} \perp \overline{BC}$

따라서 $\overline{AD}$는 $\overline{BC}$를 수직 이등분합니다.

약속

이등변삼각형의 성질

이등변삼각형에서 꼭지각의 이등분선은 밑변을 수직 이등분한다.

3. 삼각형의 외심과 내심

신라의 유물 가운데 경주 흥륜사 터에서 발견된 기와의 수막새는 독특하게 사람의 얼굴 모양이었어요. 그런데 아쉽게도 발견된 기와는 일부분이 깨어진 조각이었지요. 원래 모양으로 복원하려면 맨 먼저 무엇이 필요할까요?

생각 열기

우리는 조각을 보고서 원래 모양이 원이라고 짐작할 수 있어요. 원 모양으로 복원하는 데 필요한 것은 바로 반지름의 길이와 원의 중심이지요. 자, 파손된 수막새의 중심을 찾기 위한 방법을 한번 알아보기로 해요.

먼저 △ABC에서 세 변의 수직이등분선은 한 점 O에서 만나고, 점 O에서 세 꼭짓점에 이르는 거리가 같음을 증명해 봐요.

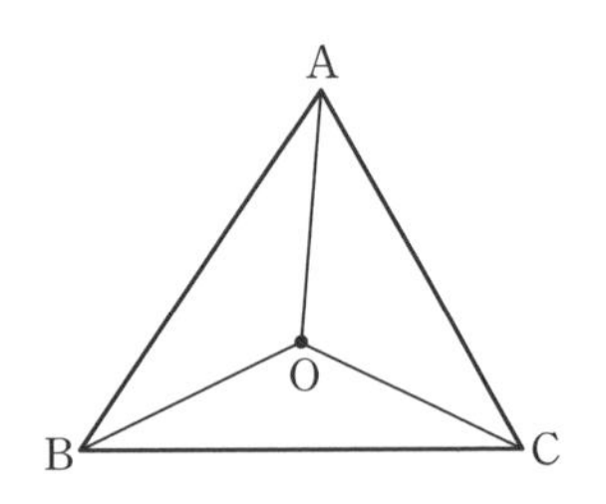

점 O는 $\overline{AB}$, $\overline{AC}$의 수직이등분선 위의 점이므로

$\overline{OA}=\overline{OB}$, $\overline{OA}=\overline{OC}$ ……①

점 O에서 선분 BC에 내린 수선의 발을 D라고 하면

△OBD와 △OCD에서

∠ODB=∠ODC=90° ……②

$\overline{OB}=\overline{OC}$ ……③

$\overline{OD}$는 공통 ……④

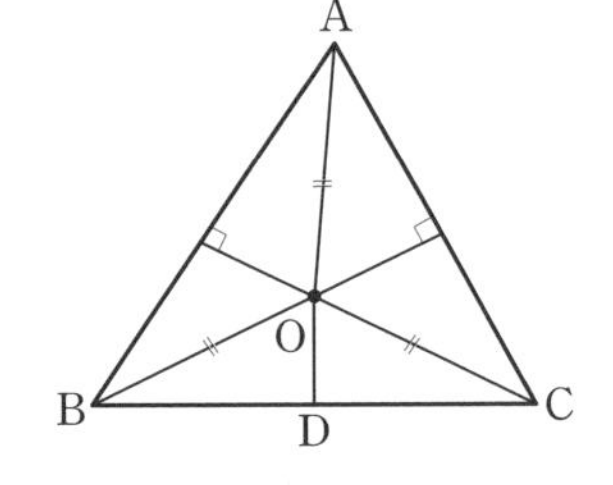

②, ③, ④에 의해 △OBD≡△OCD

$\overline{BD}=\overline{CD}$이므로 점 D는 $\overline{BC}$의 중점이고, $\overline{OD}$는 $\overline{BC}$의 수직이등분선입니다.

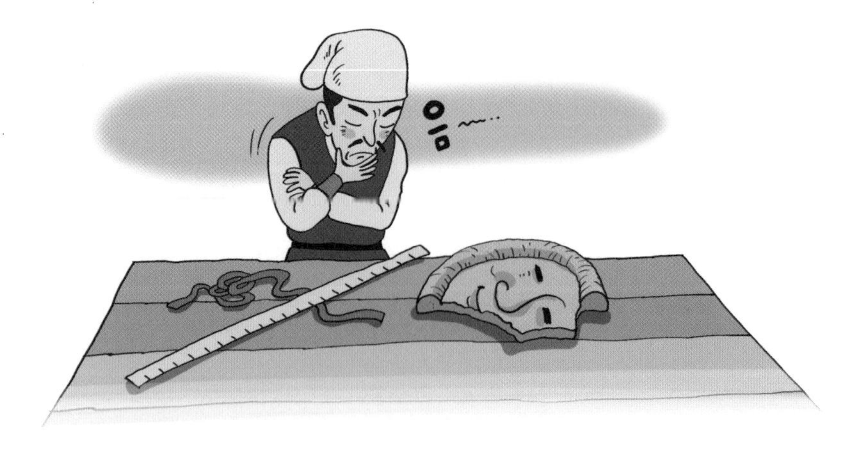

그러므로 세 변 AB, BC, AC의 수직이등분선은 한 점 O에서 만나게 되어요.

또한 위의 ①에서 $\overline{OA}=\overline{OB}=\overline{OC}$이므로 점 O에서 세 꼭짓점에 이르는 거리는 같아요. 따라서 점 O를 중심으로 $\overline{OA}$를 반지름으로 하는 원은 △ABC의 세 꼭짓점을 모두 지나게 됩니다.

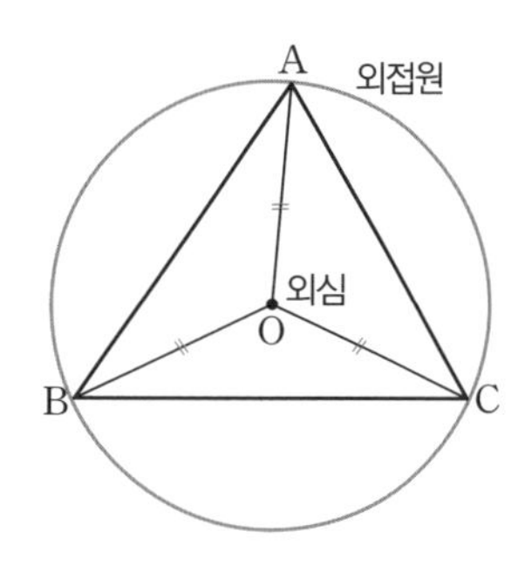

약속

1. 원 O는 △ABC에 외접한다고 하며, 원 O를 △ABC의 외접원이라고 한다. 또 점 O는 △ABC의 외심이라고 부른다.
2. 삼각형의 외심

   삼각형의 세 변의 수직이등분선은 한 점(외심)에서 만나고, 이 점에서 삼각형의 세 꼭짓점에 이르는 거리는 같다.

이제 깨진 기와의 중심을 직접 찾아 그려 볼까요?

기와의 가장자리에 그림과 같이 임의로 세 점 A, B, C를 잡고, 세 변 AB, BC, AC의 수직이등분선을 그으면 한 점에서 만나요. 바로 삼각형의 외심인 점 O가 기와의 중심이랍니다.

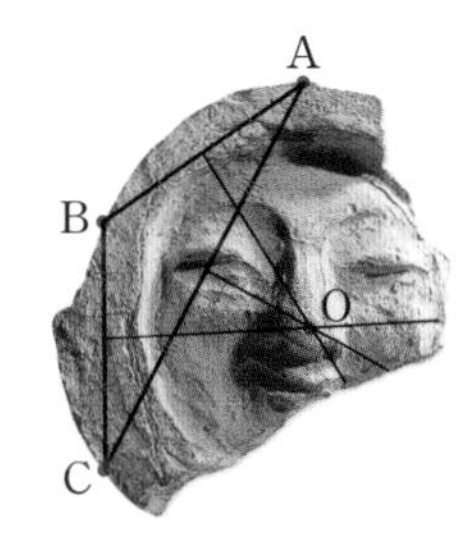

개념다지기 문제 1 **그림과 같이 점 O가 △ABC의 외심일 때, $\angle x$의 크기를 구하여 봅시다.**

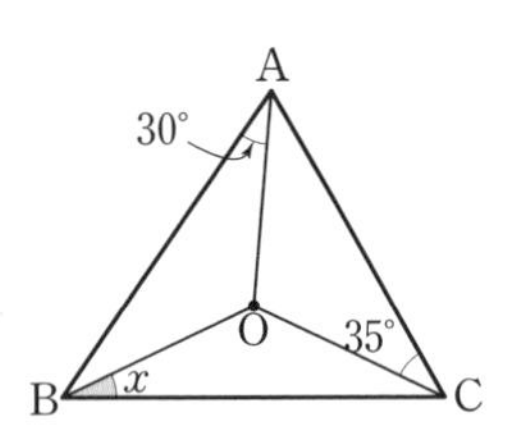

풀이 △OAB와 △OAC는 이등변삼각형이므로 $\angle OBA = 30°$, $\angle OAC = 35°$입니다.

△ABC에서 내각의 합은 180°이므로

$30° \times 2 + 35° \times 2 + \angle x \times 2 = 180°$ $\therefore \angle x = 25°$

약속

1. 원 I는 △ABC에 내접한다고 하며, 원 I를 △ABC의 내접원이라고 한다. 또한 점 I를 △ABC의 내심이라고 부른다.

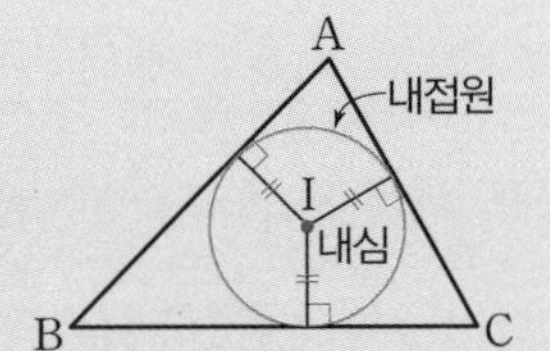

2. 삼각형의 내심

   삼각형의 세 내각의 이등분선은 한 점(내심)에서 만나고, 이 점에서 삼각형의 세 변에 이르는 거리는 같다.

개념다지기 문제 2 **그림에서 점 I가 △ABC의 내심일 때 x의 크기를 구하여 봅시다.**

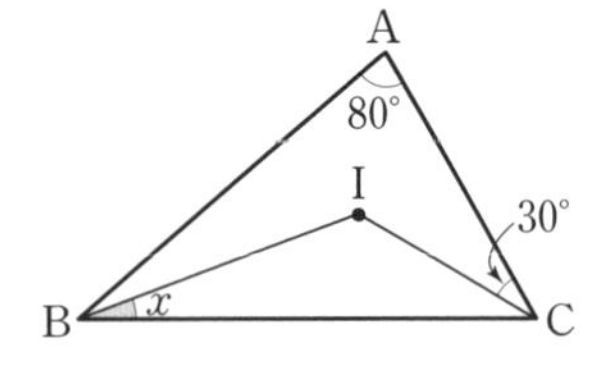

풀이 삼각형의 내심은 세 내각의 이등분선의 교점이므로

$\angle ICB = \angle ICA$이고 따라서 $\angle ICB = 30°$

△ABC에서 세 내각의 합은 180°이므로

$\angle ABC = 180° - (80° + 60°) = 40°$

$\angle x = \angle IBA = 40° \div 2 = 20°$

4. 평행사변형의 성질

아래 그림은 옷을 여러 개 걸 수 있는 나무옷걸이입니다. 그림과 같이 빨간색으로 표시된 사각형 ABCD는 어떤 사각형일까요?

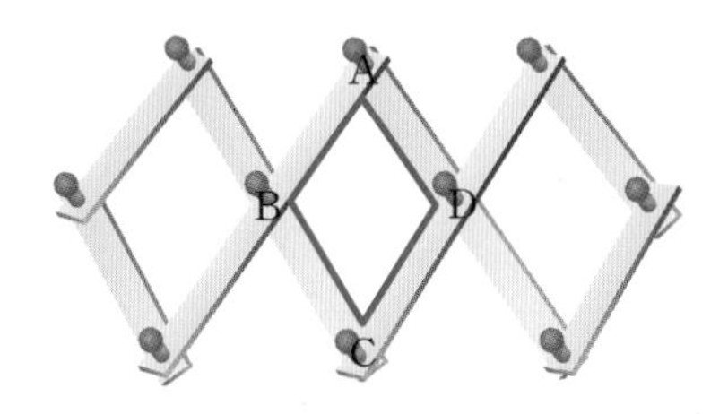

변 $\overline{AB}$, $\overline{BC}$, $\overline{CD}$, $\overline{DA}$의 길이는 같고 마주보는 각의 크기도 모두 같아요. 또 변 $\overline{AB}$와 변 $\overline{CD}$, 변 $\overline{BC}$와 변 $\overline{AD}$는 각각 평행이므로 사각형 ABCD는 마름모가 돼요.

삼각형 ABC를 기호를 사용해 △ABC로 나타내듯이 사각형 ABCD는 기호로 □ABCD로 나타내어요.

다음 그림 □ABCD에서 마주보는 변 $\overline{AB}$와 $\overline{DC}$, $\overline{AD}$와 $\overline{BC}$를 각각 **대변**이라 하고, 마주보는 각 ∠A와 ∠C, ∠B와 ∠D를 **대각**이라고 합니다. 다음에 있는 사각형 중 왼쪽 사각형은 두 쌍의 대변이 모두 평행하지 않지만, 오른쪽과 같이 두 쌍의 대변이 모두 평행한 사각형을 **평행사변형**이라고 말해요.

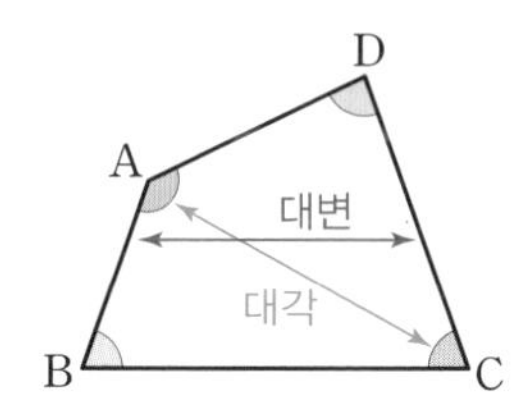

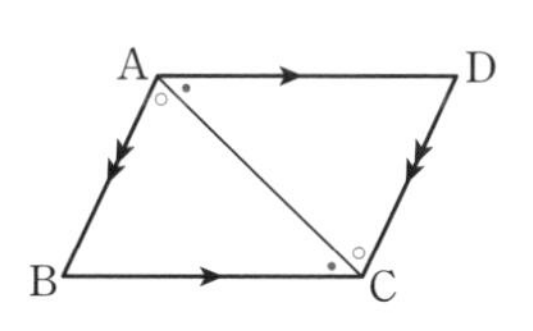

여기서 잠깐! 기하학에서는 눈으로 보아서 평행인 것을 평행이라고 말하지 않아요. 앞에서 이야기했듯이 엄밀하고 논증적인 과정에서 확실하게 증명될 때에만 비로소 평행이라고 말한답니다.

문제를 통해 좀 더 알아볼까요? 평행사변형 ABCD에서 대변의 길이가 각각 같고 두 쌍의 대각의 크기가 같음을 증명해 봐요.

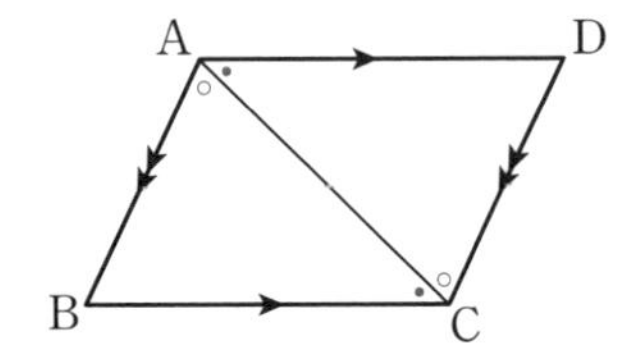

평행사변형 ABCD에서 대각선 $\overline{AC}$를 그으면 △ABC와 △CDA에서

$\overline{AB}//\overline{DC}$이므로

$\angle BAC = \angle DCA$ (∵ 엇각) ……①

$\overline{AD}//\overline{BC}$이므로

$\angle ACB = \angle CAD$ (∵ 엇각) ……②

$\overline{AC}$는 공통 ……③

①, ②, ③에 의해 대응하는 한 변의 길이가 같고, 그 양 끝 각의 크기가 각각 같으므로 △ABC≡△CDA

따라서 $\overline{AB}=\overline{CD}$, $\overline{BC}=\overline{AD}$

또 ①, ②에서 $\angle A = \angle BAC + \angle CAD = \angle DCA + \angle ACB = \angle C$

그러므로 평행사변형의 두 쌍의 대변의 길이는 각각 같고, 두 쌍의 대각의 크기도 각각 같습니다.

즉 $\overline{AB}=\overline{DC}$, $\overline{AD}=\overline{BC}$, $\angle A = \angle C$, $\angle B = \angle D$

이번에는 평행사변형 ABCD에서 두 대각선 $\overline{AC}$와 $\overline{BD}$의 교점을 O라고 할 때, $\overline{OA}=\overline{OC}$, $\overline{OB}=\overline{OD}$임을 증명해 봅시다.

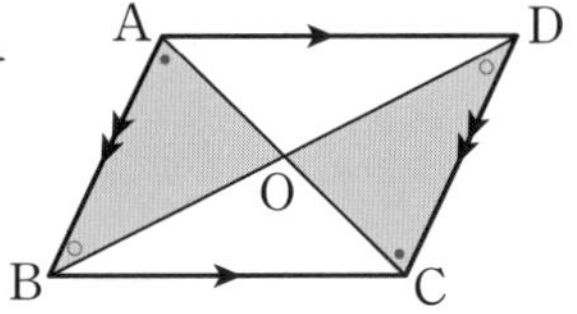

$\triangle$ABO와 $\triangle$CDO에서 $\overline{AB}/\!/\overline{DC}$이므로

$\angle ABO=\angle CDO$ (엇각) ……①

$\angle BAO=\angle DCO$ (엇각) ……②

$\overline{AB}=\overline{DC}$ (평행사변형의 대변의 길이는 같다.) ……③

①, ②, ③에서 대응하는 한 변의 길이가 같고, 그 양 끝각의 크기가 각각 같으므로 $\triangle ABO \equiv \triangle CDO$

$\therefore$ $\overline{OA}=\overline{OC}$, $\overline{OB}=\overline{OD}$

약속

평행사변형의 성질

① 두 쌍의 대변의 길이는 각각 같다.

② 두 쌍의 대각의 크기는 각각 같다.

③ 두 대각선은 서로 다른 것을 이등분한다.

자, 이번에는 사각형이 평행사변형이 되려면 어떤 조건을 만족해야 하는지 알아볼까요? 먼저 대각의 크기 또는 대변의 길이가 같으면 평행사변형이 됩니다. 이를 논리적으로 증명해 봅시다.

□ABCD에서 $\angle A=\angle C$, $\angle B=\angle D$이면 □ABCD는 평행사변형임을 증명해 봐요. 사각형의 내각의 크기의 합은 360°이므로 다음과 같은 식이 성립돼요.

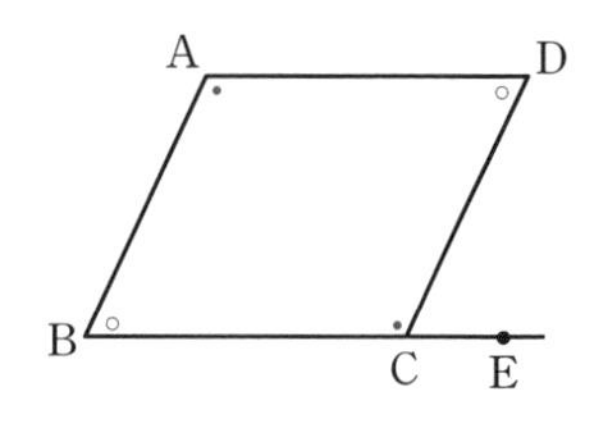

$\angle A+\angle C+\angle B+\angle D=360^\circ$이고,

$\angle A=\angle C$, $\angle B=\angle D$이므로

$\angle A+\angle C+\angle B+\angle D$

$=2(\angle C+\angle D)=360^\circ$

$\therefore\ \angle C+\angle D=180^\circ$ ……①

또 $\overline{BC}$의 연장선 위에 점 E를 잡으면

$\angle BCD+\angle DCE=180^\circ$ ……②

①, ②에서 $\angle D=\angle DCE$

엇각의 크기가 같으므로 $\overline{AD}//\overline{BC}$ ……③

한편 $\angle B=\angle D$이므로 $\angle B=\angle DCE$

동위각의 크기가 같으므로 $\overline{AB}//\overline{DC}$ ……④

③, ④에서 □ABCD는 두 쌍의 대변이 각각 평행하므로 평행사변형입니다.

이번에는 □ABCD에서 대변 $\overline{AB}=\overline{DC}$, $\overline{AD}=\overline{BC}$이면 □ABCD는 평행사변형임을 증명해 봐요.

□ABCD에서 대각선 AC를 그으면

$\overline{AB}=\overline{DC}$, $\overline{AD}=\overline{BC}$, $\overline{AC}$는 공통이므로

$\triangle ABC\equiv\triangle CDA$입니다.

$\angle BAC=\angle DCA$ $\quad\therefore$ AB//DC

$\angle ACB=\angle CAD$ $\quad\therefore\ \overline{AD}//\overline{BC}$

즉 두 쌍의 대변이 각각 평행하므로 □ABCD는 평행사변형입니다.

약속

평행사변형이 되는 조건

다음 조건 중 한 조건만 만족하면 평행사변형이 된다.

① 두 쌍의 대변이 각각 평행할 때(정의)

② 두 쌍의 대각의 크기가 각각 같을 때

③ 두 쌍의 대변의 길이가 각각 같을 때

④ 두 대각선이 서로 다른 것을 이등분할 때

⑤ 한 쌍의 대변이 평행하고, 그 길이가 같을 때

5. 특수한 평행사변형 – 직사각형, 마름모, 정사각형

조선 시대는 물론이거니와 1970~1980년대까지만 해도 설날이 되면 아이들은 연날리기를 즐겨했어요. 연에는 직사각형 모양의 '방패연防牌鳶'도 있고, 물고기나 가오리의 모습을 딴 '가오리연'도 있지요.

방패연의 모양은 네 각이 직각이고, 마주보는 두 쌍의 변이 평행하면서 그 길이도 같아요. 또한 두 대각선의 길이가 같고, 서로 이등분하며 대각선이 만나는 점에서 상하좌우로 대칭을 이루기 때문에 균형 잡기가 훨씬 쉽다고 하지요.

이제, 우리는 직사각형의 성질을 공부할 거예요. 조금도 어려울 것 없으니 걱정하지 마세요. 바로 방패연과 똑같은 도형이 직사각형이니까요.

약속

직사각형이란 '4개의 내각 크기가 모두 같은 사각형'을 말한다.

그런데 4개의 내각 크기가 같으면 두 쌍의 대각의 크기가 각각 같으므로 평행사변형이 돼요. 즉 직사각형은 평행사변형의 특수한 경우이므로 평행사변형의 성질을 모두 만족하지요.

직사각형 두 쌍의 대변의 길이는 각각 같고, 두 대각선은 서로 다른 것을 이등분해요.

그럼 직사각형의 두 대각선의 길이는 서로 같음을 증명해 볼까요? 직사각형은 평행사변형이므로 평행사변형의 성질에 의하여

$\overline{AB}=\overline{DC}$ ……①

$\triangle ABC$와 $\triangle DCB$에서 $\overline{BC}$는 공통 ……②

$\angle ABC=\angle DCB$ ($\because$ 직사각형이므로 직각) ……③

①, ②, ③에서 대응하는 두 변의 길이가 각각 같고, 그 끼인 각의 크기가 같으므로 △ABC≡△DCB

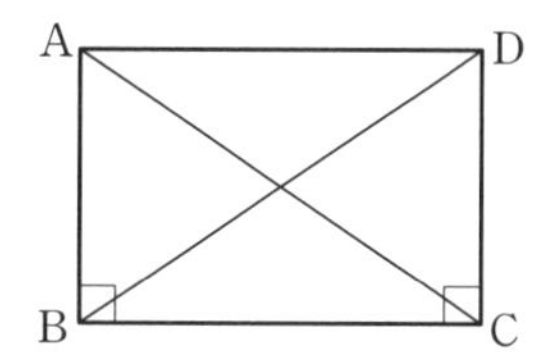

∴ $\overline{AC}=\overline{DB}$

즉 두 대각선의 길이는 서로 같습니다.

생각 열기 다음과 같은 가오리연을 만들기 위해 직사각형 모양 한지를 그림과 같이 두 번 접어서 가위로 오렸어요. 그때 만들어지는 □ABCD는 어떤 사각형일까요?

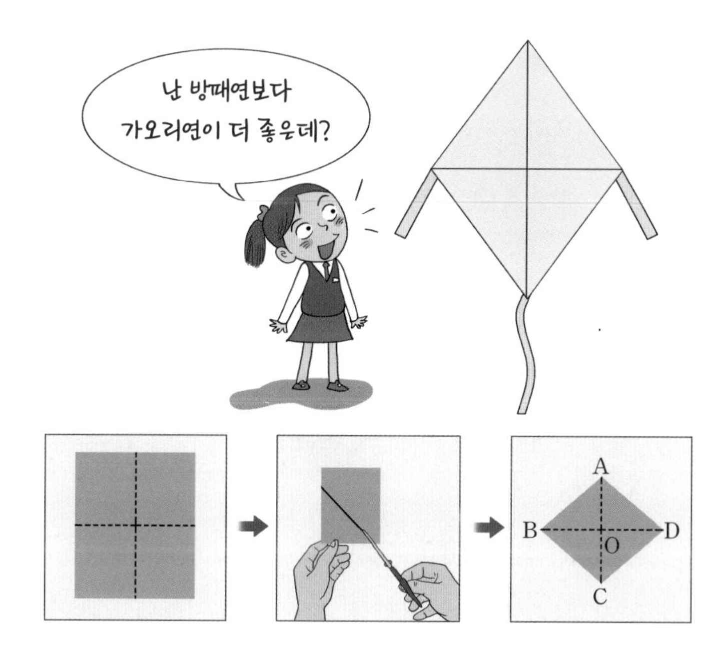

□ABCD는 접어서 한 번 자른 것이므로 네 변의 길이가 모두 같아요.

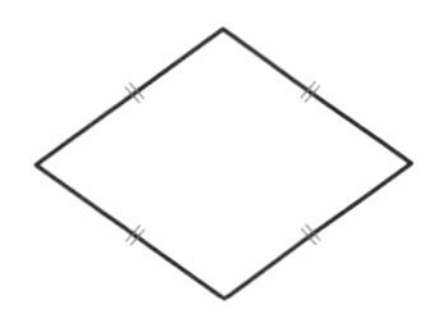

이렇게 네 변의 길이가 모두 같은 사각형을 마름모라고 부릅니다. 마름모는 네 개의 내각이 직각이 아니고 오직 네 변의 길이만 같아요. 즉 네 변의 길이가 같으므로 자연히 평행사변형도 된답니다. 마름모는 평행사변형의 특별한 경우이고, 평행사변형의 성질을 모두 만족해요. 따라서 마름모 두 쌍의 대각의 크기는 각각 같고, 두 대각선은 서로 다른 것을 이등분합니다.

약속

'네 변의 길이가 모두 같은 사각형'을 마름모라고 한다.

이번에는 마름모의 두 대각선은 서로 수직임을 증명해 봅시다.

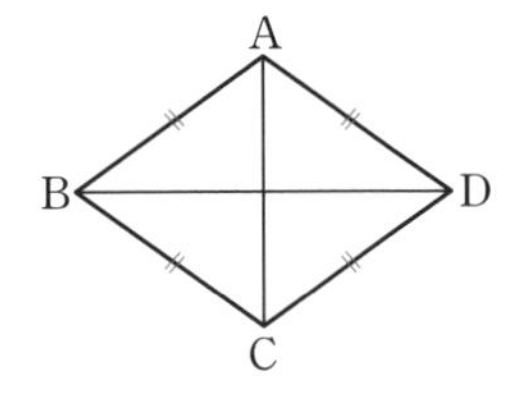

$\triangle$ABC와 $\triangle$ADC에서

$\overline{AB}=\overline{AD}$ ($\because$ 가정) ……①

$\overline{BC}=\overline{DC}$ ($\because$ 가정) ……②

$\overline{AC}$는 공통 ……③

①, ②, ③에서 대응하는 세 변의 길이가 각각 같으므로

$\triangle ABC \equiv \triangle ADC$

$\therefore \angle BAC = \angle DAC$

따라서 $\overline{AC}$는 이등변삼각형 ABD의 꼭지각인 $\angle$A의 이등분선이 되어 밑변 $\overline{BD}$를 수직이등분하므로 $\overline{AC} \perp \overline{BD}$입니다.

개념다지기 문제 **동서양을 막론하고 건축물을 장식하는 인테리어에서는 대칭과 반복의 무늬를 즐겨 사용하여 왔어요. 사람들이 대칭과 반복에서 아름다움과 안정감을 느끼기 때문이지요. 우리나라의 전통 건축물인 궁궐이나 사찰에서도 고유한 문양을 많이 볼 수 있어요. 또한 같은 도형이 계속 이어지는 테셀레이션도 마찬가지랍니다. 사진에 나온 도형의 일부분을 연결하면 마름모 모양이에요. □ABCD에서 $\angle a$, $\angle b$의 값을 구하여 봅시다.**

풀이

마름모의 두 대각선의 교점을 O라고 해 봐요. 두 대각선이 서로 다른 것을 수직 이등분하므로 $\angle AOB = 90^\circ$

$\angle BAO = 90^\circ - 50^\circ = 40^\circ$

$\triangle AOB \equiv \triangle AOD \equiv \triangle COB \equiv \triangle COD$이므로

$\angle a = \angle BAO = 40^\circ$, $\angle b = \angle ABO = \angle ADO = 50^\circ$가 됩니다.

이제 부모님을 따라 절에 간다면 단청의 무늬도 조금 더 특별하게 보이겠죠?

끝으로 정사각형에 대해 알아볼까요? 정사각형은 네 변의 길이가 모두 같다고 약속했으므로 자연히 마름모가 되고, 또 네 내각의 크기가 모두 같으므로 직사각형도 돼요.

따라서 정사각형은 직사각형인 동시에 마름모이므로 정사각형의 두 대각선은 길이가 같고, 서로 다른 것을 수직 이등분한답니다.

약속

네 변의 길이가 모두 같고, 네 내각의 크기가 모두 같은 사각형을 정사각형이라고 부른다.

6. 사각형의 위계질서

우리는 지금까지 평행사변형을 기본으로 사각형의 성질을 공부해 왔어요. 그런데 평행사변형의 조건에서 약간의 조건을 더하거나 빼면 다른 사각형으로 변신하게 되지요. 이때 변신을 하는 사각형들은 형제자매의 순서처럼 위계질서도 존재한답니다. 여기에서는 직사각형, 마름모, 정사각형, 사다리꼴 사이의 관계를 살펴봐요.

(1) 한 쌍의 대변이 평행한 사각형인 사다리꼴에서 나머지 다른 한 쌍의 대변이 평행하면 평행사변형입니다.

(2) 평행사변형에서 한 내각이 직각이면 직사각형입니다.

(3) 평행사변형에서 이웃하는 두 변의 길이가 같으면 마름모입니다.

(4) 직사각형에서 이웃하는 두 변의 길이가 같으면 정사각형입니다.

(5) 마름모에서 한 내각이 직각이면 정사각형입니다.

사각형이 너무 많아서 헷갈린다고요? 간단하게 이해하는 방법을 알고 싶다면 다음 그림을 한번 보세요!

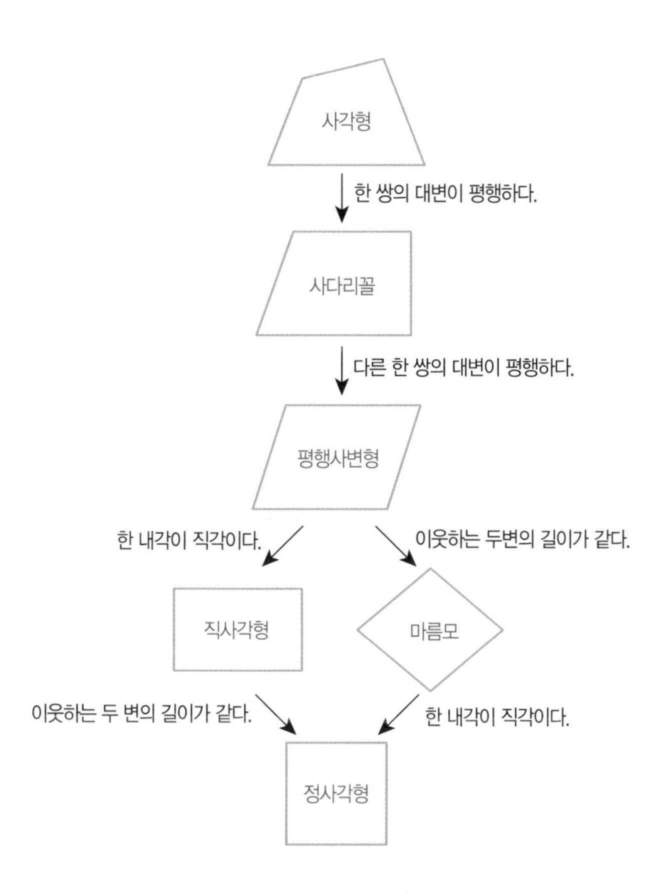

7. 고대 그리스인이 증명을 중요시한 이유는?

옛날부터 고대 문명의 꽃을 피웠던 중국, 이집트, 인도의 수학자들은 수학을 사랑하는 마음이나 지적 능력에서 그리스의 수학자들보다 뒤떨어지는 것은 아니었어요. 하지만 앞에서도 이야기했던 것처럼 고대 그리스의 수학자들은 특별히 『원론』을 만들었어요. 그 결과 인류의 역사를 바꾸어 놓은 수학과 기하학이 놀랄 만큼 발전했답니다. 대체 어떻게 그럴 수 있었을까요?

중국, 이집트, 인도의 수학자들은 오랜 경험과 직관으로 도형에 관한 지식은 아주 풍부했어요. 하지만 그럼에도 불구하고 그리스의 수학자들보다 뒤떨어진 이유는 바로 증명이었답니다!

그리스의 수학자들은 이집트 수학을 받아들이자마자 주어진 명제에 대해서 '왜?', '어떻게?' 등의 질문을 끊임없이 했어요. 심지어 개나 당나귀 같은 동물이 길을 갈 때는 직선으로 가는 것이 본능인데도 그리스의 수학자들은 그 이유를 생각하고 또 생각했답니다.

이집트를 비롯하여 다른 대제국은 넓은 영토를 왕이 혼자서 통치하고 있었어요. 하지만 그리스는 100개 이상의 작은 도시국가인 폴리스polis들이 모여서 공동체를 이룬 연합 국가였지요. 그 때문에 신라의 화백和白처럼 폴리스의 대표들은 서로 모여서 아무리 작은 일일지라도 일일이 검토하고 그 결과에 따라 결정하는 민주주의를 따랐어요.

그리스인들은 수학의 핵심을 논리로 여기고, 아무리 당연한 일일지라도 꼭 증명을 해야만 옳은 것으로 받아들였어요. 이런 점을 볼 때 수학의 아버지라 불리는 탈레스와 철학의 아버지라 불리는 피타고라스가 그리스에서 태어난 것은 결코 우연이 아니랍니다.

그리스인들은 아무리 노력해도 도저히 증명할 수 없을 때는 그냥 참으로 받아들이기로 약속한 다음 그것을 공리axiom라고 했어요. 그런 다음에는 그 공리를 이용해서 간단한 정리를 증명한 후 점점 더 복잡한 정리를 증명해 나갔지요. 하나의 정리는 다음의 정리를 위한 증명의 도구가 되어 갔어요. 사실 이런 방법은 수학뿐만 아니라 모든 학문에 공통적으로 성립한답니다.

오늘날 학문의 모든 분야는 예외 없이 이러한 『원론』과 같은 생각에서 출발해요. 철학자 플라톤은 자신이 세운 학교에 "기하학을 모르는 사람은 들어오지 마시오."라는 현수막을 내걸었어요. 바로 지식으로서의 기하학이 아니라 '증명'의 중요성을 강조하기 위함이었답니다.

개념다지기 문제 1 **그림과 같이 삼거리교차로가 있습니다. 각각의 도로에서 같은 거리에 있는 곳에 분수대를 설치하려고 해요. 분수대를 설치할 위치를 찾는 방법을 설명해 봐요.**

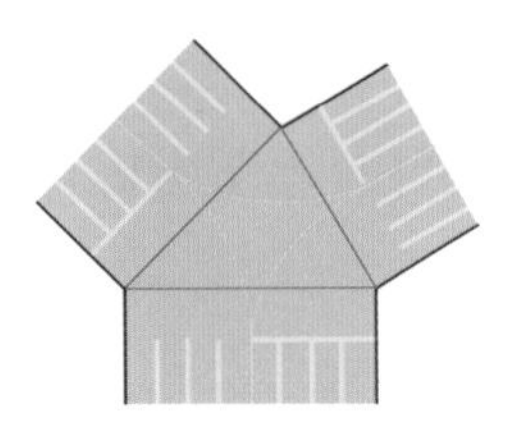

풀이

먼저 각 도로를 연결하여 △ABC를 만들어요. 분수대는 △ABC의 각 변에서 같은 거리에 있어야 하므로 △ABC의 내접원의 중심(내심)을 찾으면 된답니다. 내심은 세 각의 이등분선의 교점이므로 이곳에 분수대를 설치하면 돼요.

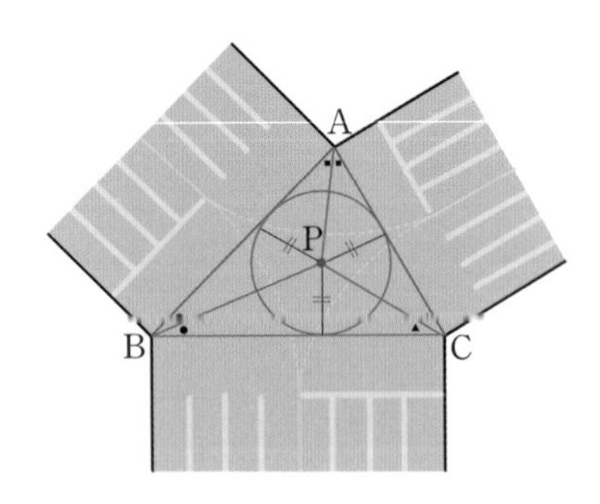

개념다지기 문제 2 **직사각형 모양의 포장지를 그림과 같이 접었을 때 노란색 △ABC가 만들어졌다면 이 삼각형은 어떤 삼각형일까요?**

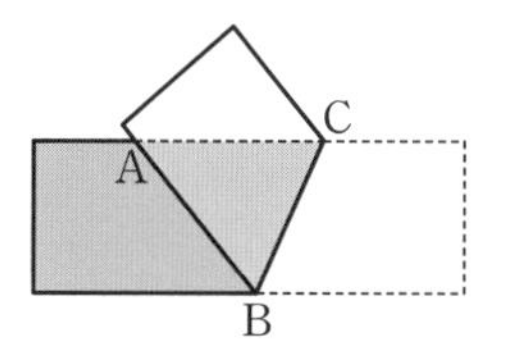

풀이

직사각형의 윗변과 아랫변은 평행하므로 ∠ACB와 ∠CBD는 엇각이 되어 ∠ACB=∠CBD입니다. 또한 접어서 생긴 각과 접혀진 각의 크기는 같으므로

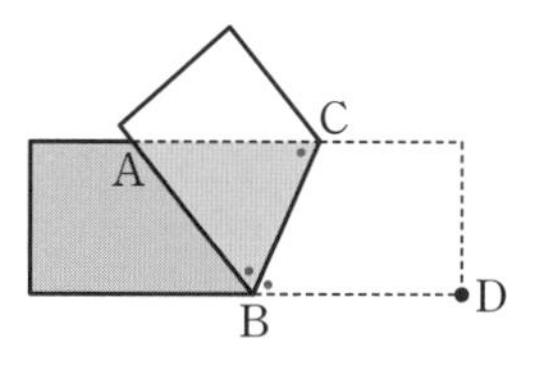

∠CBD=∠ABC입니다.

따라서 ∠ACB=∠CBD=∠ABC이므로

∴ ∠ABC=∠ACB

그러므로 삼각형 ABC는 이등변삼각형입니다.

개념다지기 문제 3 **다음 중 □ABCD가 평행사변형인 것을 찾고 그 이유를 생각해 봅시다. (점 O는 두 대각선의 교점)**

(1) $\angle A=100°$, $\angle B=80°$, $\angle C=100°$

(2) $\overline{AD}/\!/\overline{BC}$, $\overline{AB}=\overline{CD}=10cm$

(3) $\overline{AB}/\!/\overline{CD}$, $\overline{AB}=\overline{CD}=6cm$

(4) $\overline{OA}=6cm$, $\overline{OB}=5cm$, $\overline{OC}=5cm$, $\overline{OD}=6cm$

풀이

이런 문제는 각자 그림을 그려서 해 보는 게 좋아요.

(1) 사각형의 내각의 합은 360°이므로
$\angle D=360^\circ-(100^\circ\times2+80)=80^\circ$입니다. 즉 두 쌍의 대각의 크기가 각각 같아서 '평행사변형이 되는 조건 ②'를 만족하므로 평행사변형이됩니다.

(2) 앞에서 주어진 조건을 가지고 두 가지 경우를 생각할 수 있어요. $\overline{AD}/\!/\overline{BC}$이고, $\overline{AD}=\overline{BC}$라면 이 사각형은 평행사변형이에요. 하지만 여기서는 $\overline{AB}=\overline{CD}$이므로 사다리꼴도 가능하기 때문에 평행사변형이 된다는 보장이 없습니다.

(3) $\overline{AB}/\!/\overline{CD}$이고 $\overline{AB}=\overline{CD}$이므로 조건 ⑤를 만족해서 평행사변형이 되어요.

(4) □ABCD에서 점 O가 두 대각선의 교점일 때,
$\overline{OA}=6\text{cm}$, $\overline{OB}=5\text{cm}$, $\overline{OC}=5\text{cm}$, $\overline{OD}=6\text{cm}$이므로 대각선 $\overline{AC}=1\text{cm}$, 대각선 $\overline{BD}=11\text{cm}$로 두 대각선의 길이는 같아요. 하지만 서로를 이등분하지는 못하기 때문에 조건 ④를 만족시키지 못하므로 평행사변형이 아닙니다.

제8장

도형의 닮음

1. 노끈을 3등분하자!

일정한 길이의 노끈을 정확하게 삼등분하려면 어떻게 하면 될까요? 대부분의 친구들은 맨 먼저 노끈을 눈금이 있는 자로 재고 그 값을 3등분하는 방법을 떠올리겠지요? 하지만 잠깐! 만약 그 길이가 1미터였다면 어떻게 하죠? 1m=100cm를 3으로 나누면 33.33……cm로 끝없이 소수점이 나와요. 이 세상의 눈금자에는 그런 수가 새겨진 것이 없으니 어떻게 하면 좋을까요?

이렇게 막다른 길인 경우에는 '역발상'이 필요해요. 나눗셈으로 해결이 안 될 때 그 다음에 생각할 수 있는 방법은?

맞아요. 바로 앞에서 배운 '평행선 비의 정리'를 활용해 보는 거예요!

먼저 주어진 끈의 길이를 그림처럼 AB라고 합니다. 그다음에 그림과 같이 AB 길이의 3배를 BC라고 해요. 지금부터 이 풀이 방법을 따르면 노끈에다 자를 갖다 댈 필요가 전혀 없답니다. 길어진 BC에서 3등분을 하는 것은 훨씬 쉽기 때문이에요. 예를 들어 주어진 끝이 1m라면 3m로 늘려서 3등분하는 것은 누워서 식은 죽 먹기랍니다.

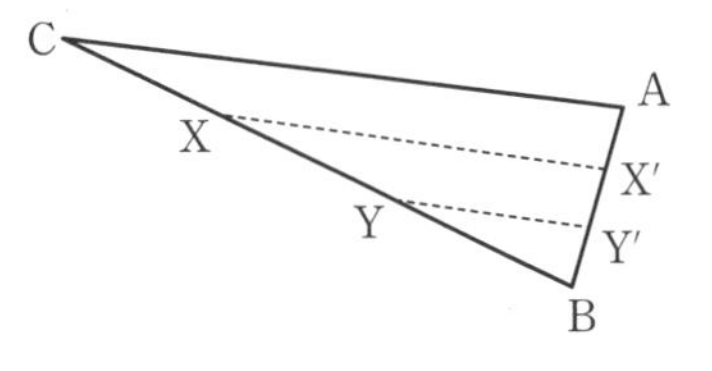

이제 3등분 한 점 X, Y에서 AC와 평행하도록 평행선을 긋고, AB와 만나는 점을 각각 X′, Y′라고 해요. AB는 주어진 짧은 끈이고, AC와 평행하게 점선을 그으면 B를 꼭짓점으로 하는 닮은 삼각형이 3개 생긴답니다. 어때요? BC가 삼등분되었으므로 AB 또한 삼등분이 되겠죠?

목수들은 이런 방법으로 나무를 등분한다고 해요. 집 짓는 현장을 자세히 관찰해 보면 쉽게 볼 수 있는 장면이랍니다. 이 방법으로 분할하면 cm와 같은 길이의 단위를 생각할 필요도 없고, 눈금이 있는 자도 필요 없어요.

2. 닮은 도형이란?

건축가가 맨 처음 하는 일은 건물의 기능과 지형에 적합하도록 이미지를 구상하는 거예요. 그런 다음 설계를 하고 최종적으로 모형을 제작해 본답니다. 이때 모형은 실제 건축물의 $\frac{1}{300}$, $\frac{1}{500}$, … 등으로 축소해서 만들어요. 설계를 의뢰한 사람이 볼 수 있도록 실제 건축물과 크기는 다르지만 모양은 완전히 똑같게 만드는 거지요. 축소 모형은 건물을 알리는 기능도 하고, 실제로 만들기 전에 전체적인 모습을 살펴보는 도구가 되기도 해요.

혹시 스마트폰에 있는 '길 찾기 어플'을 사용해 본 적이 있나요? 이 어플을 활용할 때 조금 더 상세한 위치를 보려면 확대 버튼을 누르면 돼요. 이러한 모바일 프로그램은 실생활에서 확대와 축소의 기능을 활용하는 보기랍니다.

약속

도형을 일정한 비율로 확대하거나 축소하여 얻게 된 도형이 처음 도형과 모양이 똑같을 때, 이들 두 도형은 서로 닮음의 관계이며, 두 도형을 닮은 도형이라고 말한다.

그럼 서로 닮은 도형의 성질에 대해 알아볼까요?

아래 그림에서 □ABCD와 □A′B′C′D′는 크기는 다르지만 모양이 똑같은 서로 닮은 도형이에요.

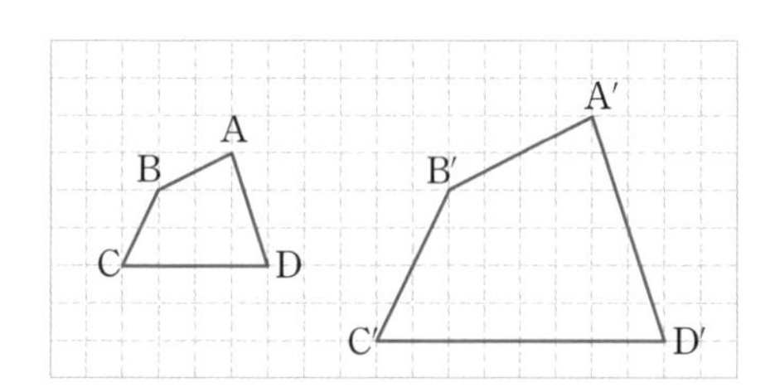

두 도형이 닮은 도형일 때는 기호를 사용해 □ABCD∽□A′B′C′D′와 같이 나타냅니다.

이때 두 도형의 꼭짓점 A와 A′, B와 B′, C와 C′, D와 D′는 각각 서로 **대응하는 꼭짓점**이고, $\overline{AB}$와 $\overline{A'B'}$, $\overline{BC}$와 $\overline{B'C'}$, $\overline{CD}$와 $\overline{C'D'}$, $\overline{DA}$와 $\overline{D'A'}$는 각각 서로 **대응하는 변**이에요.

또 ∠A와 ∠A′, ∠B와 ∠B′, ∠C와 ∠C′, ∠D와 ∠D′는 각각 서로 **대응하는 각**이지요.

모눈종이의 눈금을 이용하여 대응변의 길이를 비교하면

$\overline{AB}:\overline{A'B'}=\overline{BC}:\overline{B'C'}=\overline{CD}:\overline{C'D'}=\overline{DA}:\overline{D'A'}=1:2$

대응각의 크기를 비교하면 ∠A=∠A′, ∠B=∠B′, ∠C=∠C′, ∠D=∠D′입니다. 즉 위의 닮은 도형에서는 대응하는 각의 크기는 같지만, 대응하는 변의 길이는 1:2임을 알 수 있어요. 이런 경우 도형의 닮음비는 1:2라고 말해요.

약속

1. 닮은 도형을 기호로 나타낼 때에는 대응하는 꼭짓점을 순서대로 해서 $\triangle ABC \backsim \triangle A'B'C'$라고 쓴다. (기호 $\backsim$는 '닮음'을 뜻하는 similar의 첫 글자인 S를 옆으로 뉘어서 쓴 것이다.)
2. 평면도형에서 닮음의 성질 : 평면도형에서 두 개의 닮은 도형이 있을 때
   ① 대응하는 변의 길이의 비는 일정하다.
   ② 대응하는 각의 크기는 각각 같다.
3. 두 개의 닮은 도형에서 서로 대응하는 변의 길이의 비를 닮음비라고 말한다.

개념다지기 문제 1 $\triangle ABC \backsim \triangle DEF$일 때, 다음을 구하여 봅시다.

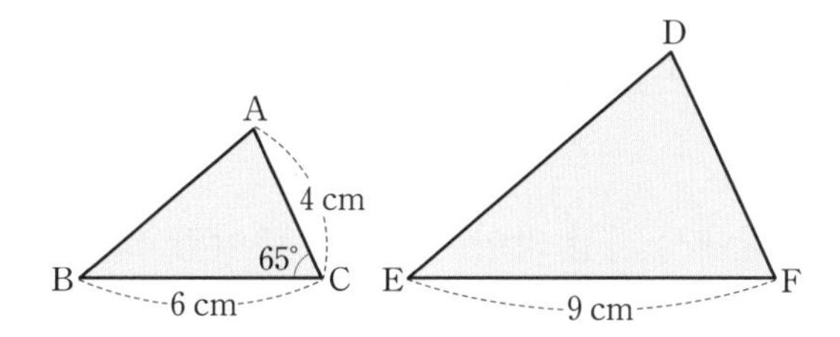

(1) $\triangle ABC$와 $\triangle DEF$의 닮음비는?

(2) $\overline{DF}$의 길이는?

(3) $\angle F$의 크기는?

풀이

(1) $\overline{BC}$와 $\overline{EF}$는 대응하는 변이므로

$\overline{BC} : \overline{EF} = 6 : 9 = 2 : 3$이에요. 따라서 $\triangle ABC$와 $\triangle DEF$의 닮음비는 $2 : 3$이 됩니다.

(2) $\overline{DF}$의 대응변은 $\overline{AC}$이고, 두 삼각형의 닮음비는 $2 : 3$이므로

$4 : \overline{DF} = 2 : 3$, $2\overline{DF} = 12$

$\therefore \overline{DF} = 6(\text{cm})$

(3) $\angle F$의 대응각은 $\angle C$이므로 $\angle F = \angle C = 65°$가 되어요.

더 알아보기 종이 이름을 A3, A4로 부르는 이유는?

왜 종이의 크기를 cm가 아니라 mm로 표시할까요?

A4 용지의 크기 : 210mm × 297mm

A3 용지의 크기 : 297mm × 420mm

요즘 우리 생활에서 가장 많이 사용하는 종이의 크기는 어떤 것일까요? 다양한 종이가 많이 사용되지만 사무실과 학교, 가정에서는 A4 용지가 단연 1등이겠죠? A3, A4라는 종이의 이름은 수학적인 절차에서 비롯되었어요.

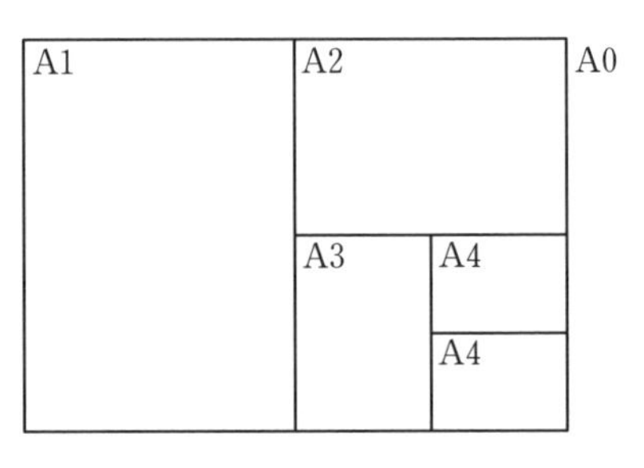

그림과 같이 제지공장에서 처음 만들어진 커다란 직사각형 종이를 전지라고 불러요. 전지를 절단할 때, 자투리가 남지 않게 경제적으로 자르려면 역시 수학적인 머리를 써야 한답니다.

전지를 A0라고 할 때, 전지를 반으로 자른 크기가 A1이고, A1을 반으로 절단한 크기가 A2예요. 그다음 A2를 반으로 절단한 것이 A3이고, 또 A3를 반으로 자르면 두 장의 A4가 된답니다. 즉 전지를 3번 자른 것이 A3이고, 4번 자른 것이 A4가 되는 거예요.

A4, A3의 긴 변의 길이와 짧은 변의 길이의 비를 비교하면

$297:420=1:1.414141\fallingdotseq 1:1.414$

$210:297=1:1.414286\fallingdotseq 1:1.414$

즉 두 용지는 서로 닮은 도형이라고 할 수 있어요.

고대 그리스의 수학자 탈레스는 이집트의 거대한 건축물인 피라미드의 높이를 계산해 내었어요. 그때 탈레스는 수학의 어떤 원리를 사용하였을까요? 바로 닮음비랍니다! 탈레스는 자기 지팡이의 그림자와 피라미드의 그림자를 이용하여 피라미드의 높이를 구하였어요. 우리도 한번 구해 봐요.

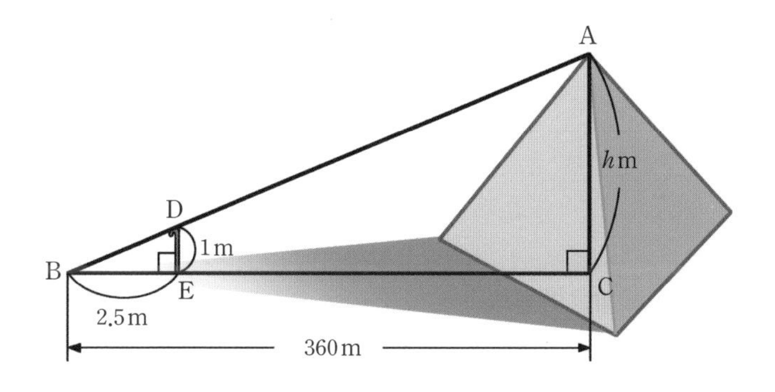

$\triangle ABC \backsim \triangle DBE$이므로

$\overline{BE}:\overline{BC}=\overline{DE}:\overline{AC}$

$2.5:360=1:h$

$\therefore h=144(m)$

여기에서 우리는 평면도형뿐만 아니라 입체도형에서도 닮음을 활용할 수 있음을 알 수 있어요.

다음 그림은 사면체 ABCD를 두 배로 확대하여 사면체 A′B′C′D′를 그린 것입니다. 여기서도 두 사면체의 크기는 다르지만 모양은 똑같아요.

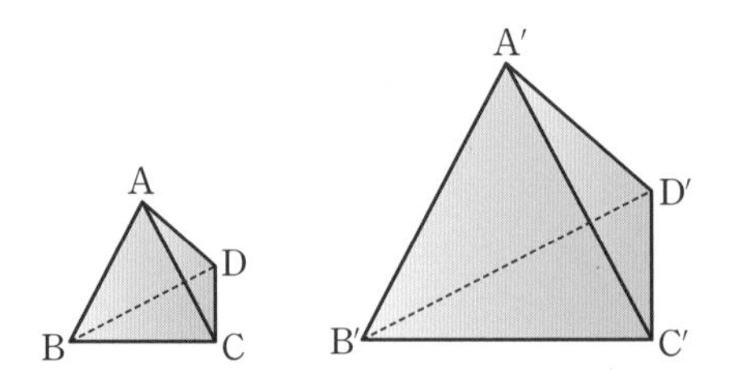

이와 같이 한 입체도형을 일정한 비율로 확대하거나 축소한 입체도형이 처음 입체도형과 모양이 똑같을 때, 두 입체도형은 서로 **닮음의 관계**입니다.

약속

입체도형에서 닮음의 성질 : 두 개의 닮은 입체도형에서

① 대응하는 모서리 길이의 비는 일정하다.

② 대응하는 면은 서로 닮은 도형이다.

개념다지기 문제 2 **두 사각기둥은 서로 닮은 도형이고, $\overline{AB}$에 대응하는 모서리가 $\overline{A'B'}$일 때, 다음을 구하여 봅시다.**

(1) 면 CGHD에 대응하는 면은?

(2) 직육면체 (ㄱ)과 (ㄴ)의 닮음비는?

(3) $\overline{BF}$의 길이는?

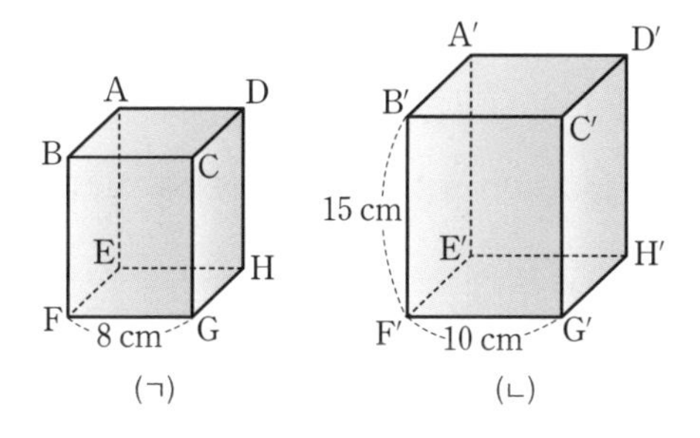

풀이

(1) 면 C′G′H′D′

(2) 직육면체 (ㄱ)과 (ㄴ)의 닮음비는 $8:10=4:5$입니다.

(3) $\overline{BF}$의 대응변은 $\overline{B'F'}$이고, 두 삼각형의 닮음비는 $4:5$이므로

$\overline{BF}:15=4:5$, $5\overline{BF}=60$

$\therefore \overline{BF}=12$(cm)

다음은 닮음비가 $\overline{OA}:\overline{OE}=\overline{OB}:\overline{OF}=\overline{OC}:\overline{OG}=\overline{OD}:\overline{OH}=1:2$가 되도록 두 사각형을 그린 것입니다.

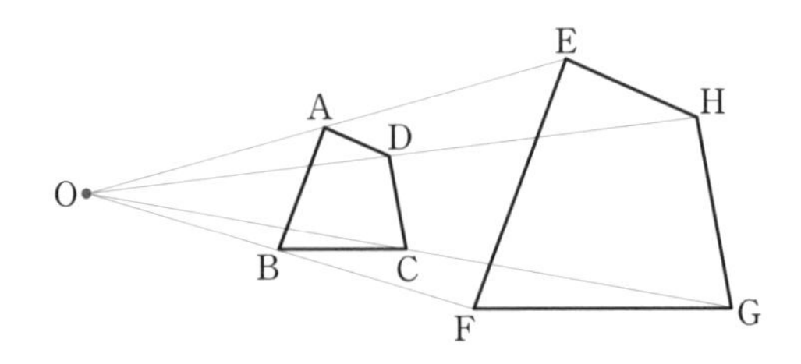

위와 같이 두 도형의 대응하는 점을 연결한 직선이 모두 한 점 O에서 만나고, 점 O에서 각 도형의 대응하는 점까지의 길이의 비가 일정할 때, 이들 두 도형은 **닮음의 위치**에 있다고 하며, 교점 O를 **닮음의 중심**이라고 말해요.

이처럼 두 도형이 닮음의 위치에 있으면 닮음의 중심 O에서부터 대응점까지의 거리의 비는 닮음비와 같고, 대응변은 각각 평행하답니다.

개념다지기 문제 3 **점 O를 닮음의 중심으로 하여 △ABC와 닮음의 위치에 있는 △DEF를 그려 봅시다. (단 △ABC와 △DEF의 닮음비는 2 : 1)**

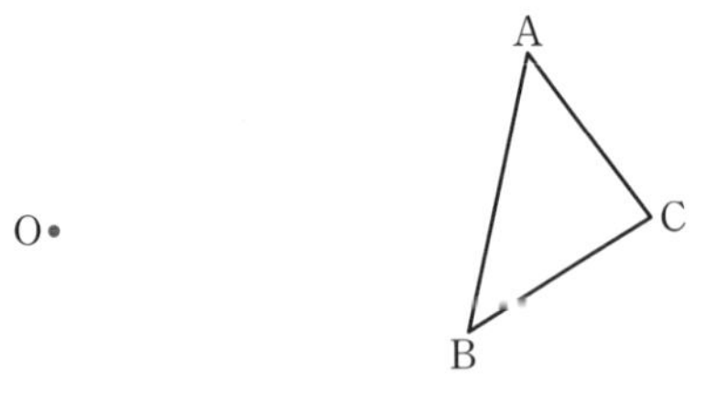

풀이 $\overline{OA}$, $\overline{OB}$, $\overline{OC}$ 위에 또는 그 연장선 위에 $\overline{OD}=\frac{1}{2}\overline{OA}$, $\overline{OE}=\frac{1}{2}\overline{OB}$, $\overline{OF}=\frac{1}{2}\overline{OC}$가 되도록 세 점 D, E, F를 각각 잡아요. 세 점

D, E, F를 차례로 연결하면 △ABC를 $\frac{1}{2}$로 축소한 2가지 형태의 △DEF를 얻습니다.

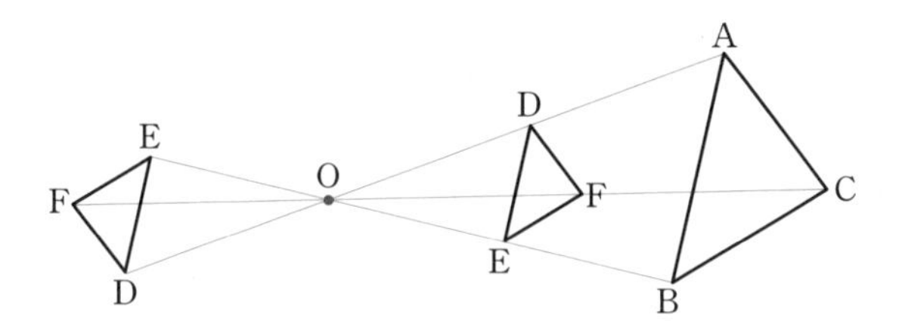

3. 삼각형의 닮음 조건

어떤 조건이 되면 두 삼각형이 서로 닮은 도형이 될까요? 앞에서 △ABC와 △DEF는 닮음비가 2:1인 닮은 도형이었어요.

자, 이제는 세 변의 길이가 a, b, c인 △ABC와 1:2의 닮음비를 가지는 △DEF를 비교하여 봅시다.

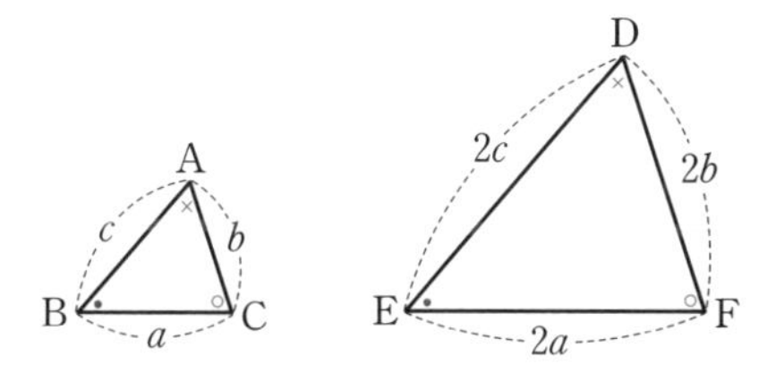

△ABC에서 $\overline{BC}=a$, $\overline{CA}=b$, $\overline{AB}=c$라고 할 때 △DEF의 변의 길이는 닮음비가 1:2이므로 대응변이 모두 1:2가 되어야 합니다. 즉 $\overline{EF}=2a$, $\overline{FD}=2b$, $\overline{DE}=2c$이지요. 그러나 대응각의 크기는 똑같기 때문에 ∠D=∠A, ∠E=∠B, ∠F=∠C가 돼요.

우리는 여기서 두 삼각형이 서로 닮은 도형이 되기 위한 조건을 찾을 수 있어요. 즉 대응각의 크기는 똑같으며 대응변의 길이의 비가 닮음비인 것을 알 수 있답니다.

이번에는 $\triangle DEF$와 합동인 $\triangle A'B'C'$를 작도하여 두 삼각형이 서로 닮은 도형이 되기 위한 조건을 정리해 봐요.

(1) $\overline{A'B'}=2\overline{AB}$, $\overline{B'C'}=2\overline{BC}$,

$\overline{C'A'}=2\overline{CA}$인 $\triangle A'B'C'$를 그려요.

또한 $\overline{C'A'}=\overline{FD}$, $\overline{B'C'}=\overline{EF}$

$\overline{A'B'}=\overline{DE}$이므로 $\triangle A'B'C' \equiv \triangle DEF$

따라서 $\triangle ABC \backsim \triangle A'B'C'$이지요.

즉 세 쌍의 대응하는 변의 길이의 비가 같은 삼각형은 서로 닮은 도형입니다.

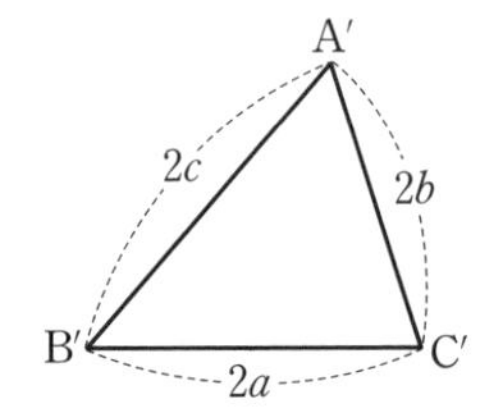

(2) $\overline{A'B'}=2\overline{AB}$, $\overline{B'C'}=2\overline{BC}$,

$\angle B'=\angle B$인 $\triangle A'B'C'$를 그려요.

$\overline{B'C'}=\overline{EF}$, $\overline{A'B'}=\overline{DE}$

$\angle B'=\angle E$이므로 $\triangle A'B'C' \equiv \triangle DEF$

따라서 $\triangle ABC \backsim \triangle A'B'C'$이지요.

즉 두 쌍의 대응하는 변의 길이의 비가 같고 그 끼인 각의 크기가 같은 삼각형은 서로 닮은 도형이에요.

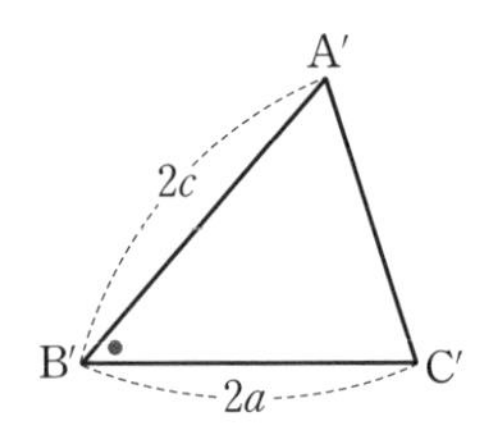

(3) $\overline{B'C'}=2\overline{BC}$, $\angle B'=\angle B$, $\angle C'=\angle C$인 $\triangle A'B'C'$를 그려요.

$\overline{B'C'}=\overline{EF}$, $\angle B'=\angle E$, $\angle C'=\angle F$이므로

$\triangle A'B'C' \equiv \triangle DEF$

따라서 $\triangle ABC \backsim \triangle A'B'C'$이지요.

즉 두 쌍의 대응하는 각의 크기가 각각 같은 삼각형은 서로 닮은 도형입니다.

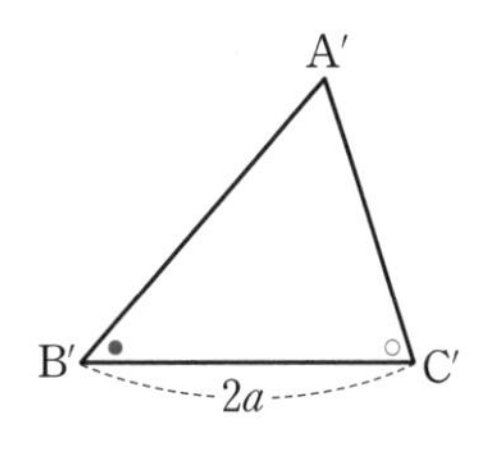

약속

삼각형의 닮음 조건

① 세 쌍의 대응변의 길이의 비가 같을 때 (SSS 닮음)

$a:a'=b:b'=c:c'$

② 두 쌍의 대응변의 길이의 비가 같고, 그 끼인 각의 크기가 같을 때 (SAS 닮음)

$a:a'=c:c'$, $\angle B=\angle B'$

③ 두 쌍의 대응각의 크기가 각각 같을 때 (AA 닮음)

$\angle B=\angle B'$, $\angle C=\angle C'$

개념다지기 문제 **다음 삼각형 중에서 서로 닮음인 것을 모두 찾아봐요.**

(1)
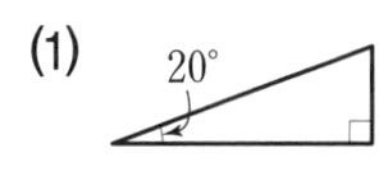

(2)
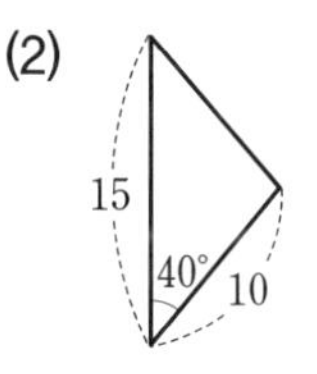

(3)
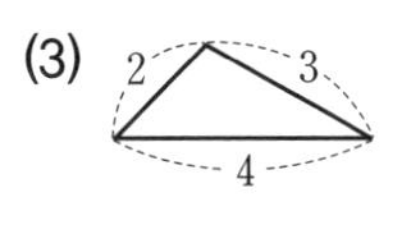

(4)
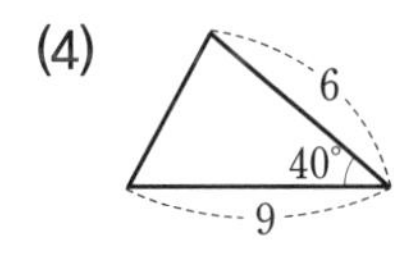

(5)
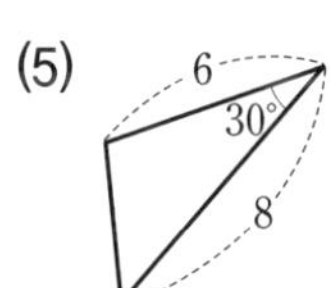

(6)
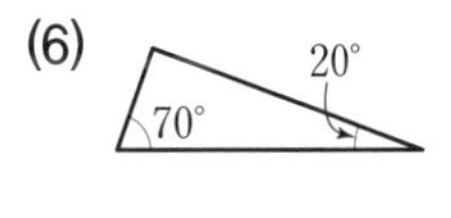

풀이

(1)의 나머지 각이 70°이므로 (6)의 세 각과 일치해요. 즉 (1)과 (6)은 AA 닮음이에요.

(2)와 (4)의 대응변의 길이를 비교하면 $15:9=10:6=5:3$이고 그 끼인각이 40°이므로 SAS 닮음입니다.

(3)은 세 변의 길이만 있고, (5)는 두 변과 끼인 각이 있으므로 닮음의 조건 3가지 중 어느 것도 만족하지 않습니다.

4. 삼각형과 평행선

삼각형과 평행한 직선의 관계에 대해 알아봐요.

(1) 삼각형의 한 변에 평행한 직선의 성질 1

△ABC에서 변 $\overline{BC}$에 평행한 직선이 변 $\overline{AB}$, $\overline{AC}$ 또는 그 연장선과 만나는 점을 각각 D, E라고 하면 다음이 성립합니다.

① $\overline{AB}:\overline{AD}=\overline{AC}:\overline{AE}=\overline{BC}:\overline{DE}$

② $\overline{AD}:\overline{DB}=\overline{AE}:\overline{EC}$

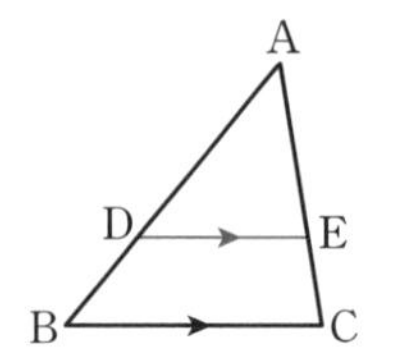

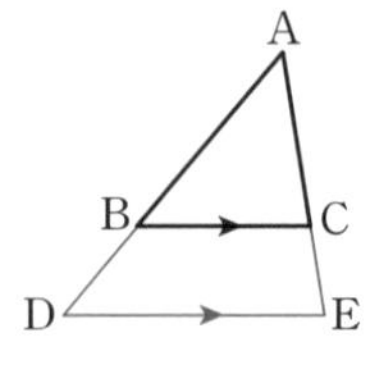

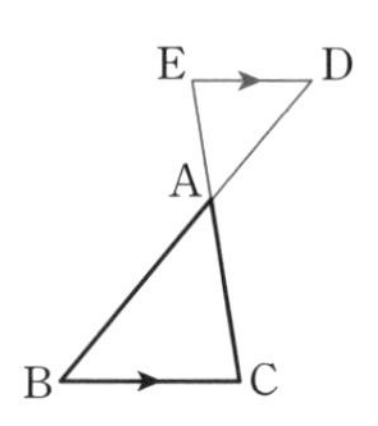

문제를 통해 위 성질을 확인해 봐요. 오른쪽 그림에서 $\overline{BC}/\!/\overline{DE}$일 때 x, y의 값을 구해 봅시다.

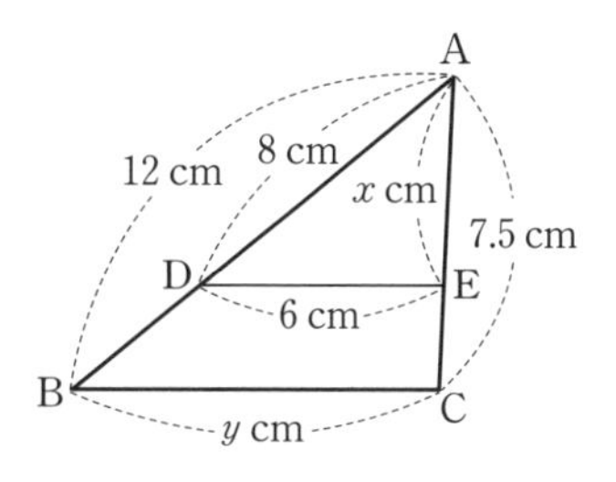

먼저 점 D와 E는 △ABC에서 변 $\overline{BC}$에 평행한 직선이 변 $\overline{AB}$, $\overline{AC}$와 만나는 점이므로

$\overline{AB}:\overline{AD}=\overline{AC}:\overline{AE}=\overline{BC}:\overline{DE}=12:8=7.5:x=y:6$입니다.

$\overline{AB}:\overline{AD}=\overline{AC}:\overline{AE}$에서

$12:8=7.5:x$이므로 $x=\dfrac{8\times7.5}{12}=5(\text{cm})$

$\overline{AB}:\overline{AD}=\overline{BC}:\overline{DE}$에서

$12:8=y:6$이므로 $y=\dfrac{12\times6}{8}=9(\text{cm})$가 됩니다.

(2) 삼각형의 한 변에 평행한 직선의 성질 2

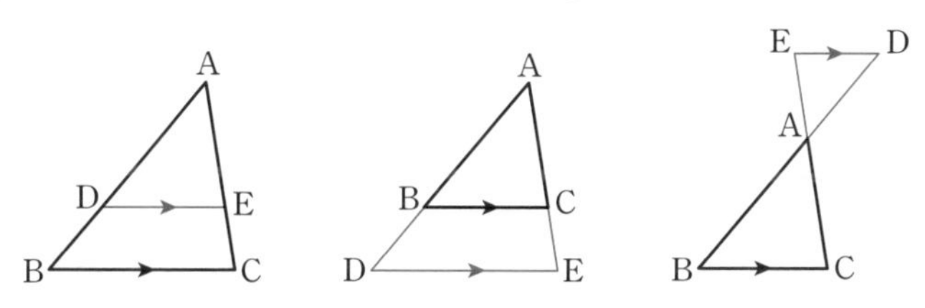

△ABC에서 변 $\overline{AB}$, $\overline{AC}$ 또는 그 연장선 위의 점을 각각 D, E라고 하면 다음이 성립합니다.

① $\overline{AB}:\overline{AD}=\overline{AC}:\overline{AE}$이면 $\overline{BC}/\!/\overline{DE}$

② $\overline{AD}:\overline{DB}=\overline{AE}:\overline{EC}$이면 $\overline{BC}/\!/\overline{DE}$

(3) 평행선 사이에 있는 선분의 길이 비

3개의 평행선이 다른 두 직선과 만날 때, 평행선 사이에 있는 선분의 길이 비는 같습니다.

$\overline{AB}:\overline{BC}=\overline{A'B'}:\overline{B'C'}$

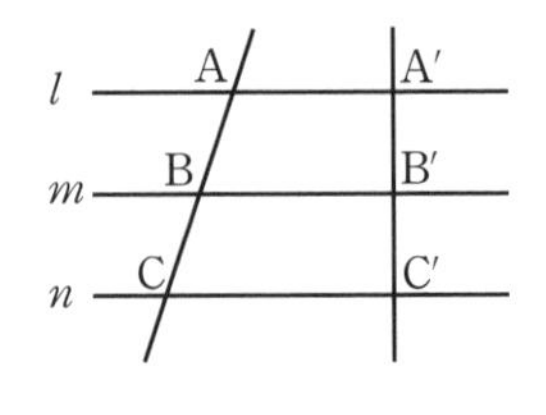

이와 관련해 문제를 한번 풀어 볼까요? 다음 그림에서 $l/\!/m/\!/n$일 때, x의 값을 구하여 봅시다.

(1)
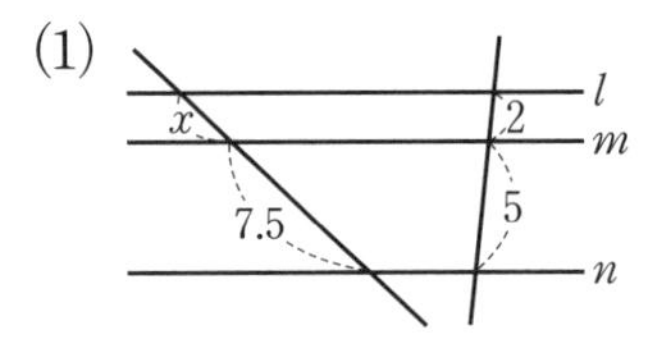

(2)
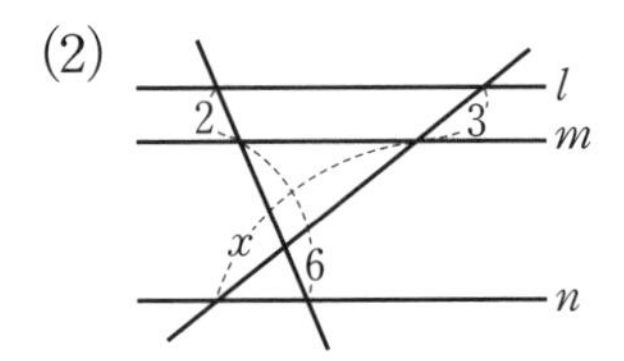

3개 이상의 평행선이 다른 두 직선과 만나서 생긴 선분의 길이 비는 같으므로

(1) $5:2=7.5:x$, $x=\dfrac{7.5\times 2}{5}=3$

(2) $2:6=3:x$, $x=\dfrac{6\times 3}{2}=9$

더 알아보기 만일 우주인을 만나게 된다면?

요즘은 우주 여행이 실감나는 시대이지요. 만일 UFO를 타고 온 우주인과 서로 인사하게 된다면 어떤 말을 사용해야 할까요? 우리는 우주인이 어떤 언어를 사용할지 도통 알 수가 없답니다. 물론 한국어나 영어는 아니겠죠? 인간처럼 지성이 있는 생물임을 알아보려면 무엇을 보여 주면 좋을까요?

UFO를 만들어 낼 정도라면 그들의 과학 수준은 아마도 지구인보다 높을 거예요. 또한 지구가 문명세계임을 이미 알고 찾아왔다면 우리를 조심스럽게 대하겠지요? 그들에게 우리 지구인도 수학 수준이 높다는 것을 보여 주면 좋을 것 같아요.

예를 들어 오른쪽과 같은 거대한 평행선과 그 비례를 나타내는 도형을 땅에 그려 보이면 어떨까요? 비례가 없으면 수數도 없고, 수가 없다면 과학도 없기 때문이지요. 그만큼 '비'에 관한 문제는 문명 발달에 매우 중요한 기본적인 개념이랍니다. 문명의 기초는 수와 도형이며

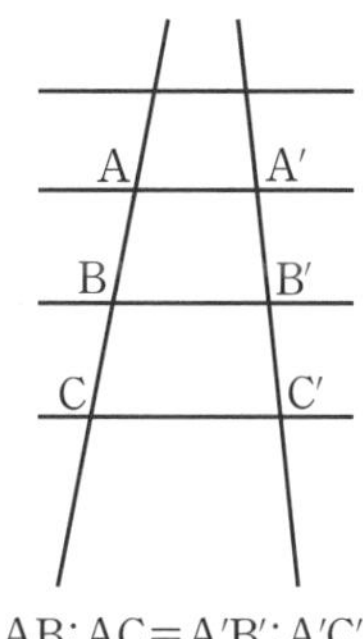

$AB:AC=A'B':A'C'$

그 두 가지를 무시하고는 어떤 구조물도 만들 수 없을 테니까요.

5. 중점 연결 정리와 무게중심

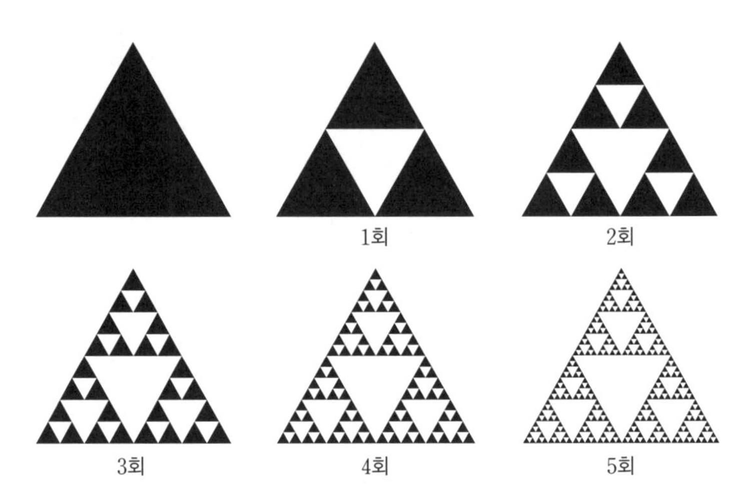

위 그림은 한 개의 정삼각형으로 어떤 동작을 계속 반복한 결과예요. 그러자 5번째는 처음의 모습과는 완전히 다른 도형이 만들어졌답니다. 도대체 무슨 동작을 반복한 걸까요?

생각 열기 이 문제는 폴란드의 수학자 시어핀스키가 창안한 것으로 '시어핀스키 개스킷'이라고 부르는 도형이에요. 흠흠, 여기에서 개스킷이 뭐냐고 묻는 친구가 있네요. 개스킷은 원래 자동차의 엔진에서 가스가 새는 것을 막기 위해 엔진의 본체와 헤드 사이에 끼우는 것을 말해요. 구멍이 숭숭 뚫려 있는데 그 모습이 위의 삼각형과 닮았다고 하지요.

자, 이제부터 시어핀스키가 한 과정을 분석해 볼까요? 원리는 간단해요. 정삼각형의 세 변에서 가운데 점, 즉 중점을 잡은 후에 하나씩 제거하면 된답니다. 이런, 이런! 천천히 설명라고요? 그럼 5단계로 나누어서 설명할 테니 잘 들으세요.

1단계 : 검은색 삼각형 세 변의 중점을 잡아서 선분을 이은 다음 새로 만들어진 가운데 삼각형을 제거해요. 그러면 작은 삼각형 3개로 이루어진 도형이 돼요.

2단계 : 3개의 검은색 삼각형 위에 1단계와 똑같은 방법을 사용해요. 그러면 더 작은 삼각형 9개가 생기지요.

3단계 : 9개의 작은 삼각형 위에 1단계와 똑같은 방법을 사용해요. 그러면 더 작은 삼각형 27개가 생겨요.

4단계 : 같은 방법을 사용하면 아주 작은 삼각형 81개가 생겨요.

5단계 : 이 방법을 계속 반복하면 아주 아주 작은 삼각형 243개로 이루어진 아름다운 도형 '시어핀스키 개스킷'이 돼요!

만약 손으로 그린다면 4단계 정도에서 그만 지쳐버리겠지만 시어핀스키는 이 아이디어를 가지고 컴퓨터를 사용했어요. 이론적으로는 이 동작을 무한으로 반복할 수 있지만, 컴퓨터 역시 모니터를 구성하는 픽셀이 유한개이므로 한계가 있을 수밖에 없답니다.

'시어핀스키 개스킷'은 한 마디로 삼각형의 중점 원리를 이용하여 만든 환상적인 도형이라고 말할 수 있어요.

지금부터는 삼각형의 두 변의 중점을 이은 선분과 나머지 한 변은 어떤 관계가 있는지 알아봐요.

오른쪽 그림과 같이 $\triangle$ABC의 변 $\overline{AB}$, $\overline{AC}$의 중점을 각각 M, N이라고 하면 $\triangle$ABC와 $\triangle$AMN에서

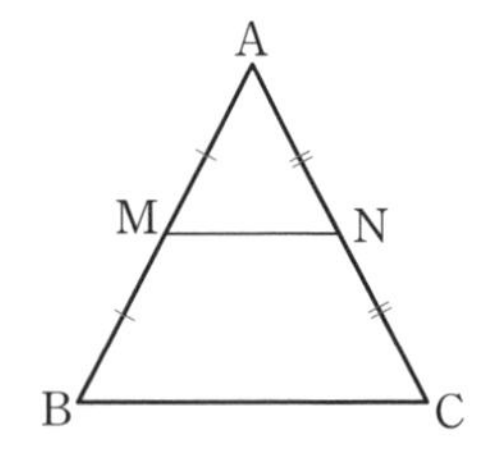

$\overline{AB}:\overline{AM}=\overline{AC}:\overline{AN}=2:1$이에요.

$\angle$A는 공통으로 두 쌍의 대응하는 변의 길이의 비가 같고, 그 끼인 각의 크기가 같으므로 SAS 닮음이에요.

즉 $\triangle ABC \backsim \triangle AMN$입니다.

따라서 $\angle ABC=\angle AMN$이므로 동위각의 크기가 같아졌어요.

$\therefore$ $\overline{MN}/\!/\overline{BC}$이지요.

또 $\overline{BC}:\overline{MN}=2:1$이므로 $\overline{MN}=\frac{1}{2}\overline{BC}$예요.

약속

1. 삼각형의 중점 연결 정리

① 삼각형의 두 변의 중점을 연결한 선분은 나머지 한 변과 평행하고, 그 길이는 나머지 한 변의 길이의 $\frac{1}{2}$과 같다.

$\overline{MN}/\!/\overline{BC}$, $\overline{MN}:\overline{BC}=1:2$

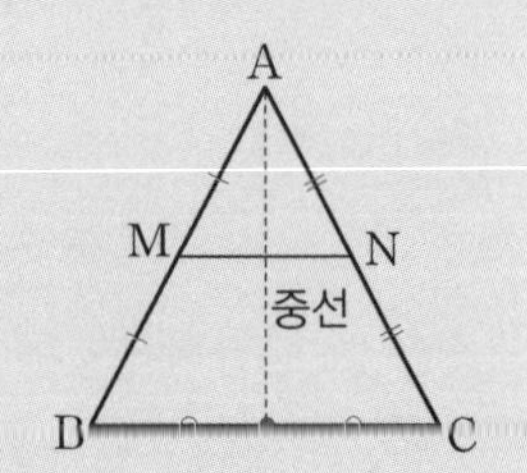

② 삼각형의 한 변의 중점을 지나서 다른 한 변에 평행한 직선은 나머지 한 변의 중점을 지난다.

$\overline{AM}=\overline{MB}$, $\overline{AN}=\overline{NC}$

2. 삼각형의 한 꼭짓점과 그 대변의 중점을 이은 선분을 중선이라고 말한다.

삼각형의 세 중선은 한 점에서 만나는데 그 교점이 **무게중심**이 돼요. 만약 두께가 있는 나무 삼각형의 무게중심을 손으로 받치면 평행을 유지하면서 지탱할 수가 있지요. 교과서나 참고서, 연필 등을 세우는 놀이는 바로 누가 무게중심을 잘 찾는지 알아보는 일이나 마찬가지랍니다.

무게중심은 세 개의 중선이 만나는 교점인데 사실은 두 중선의 교점을 구하면 자연히 세 번째 중선도 그 교점을 통과하게 돼요. 이 사실을 한번 확인해 볼까요?

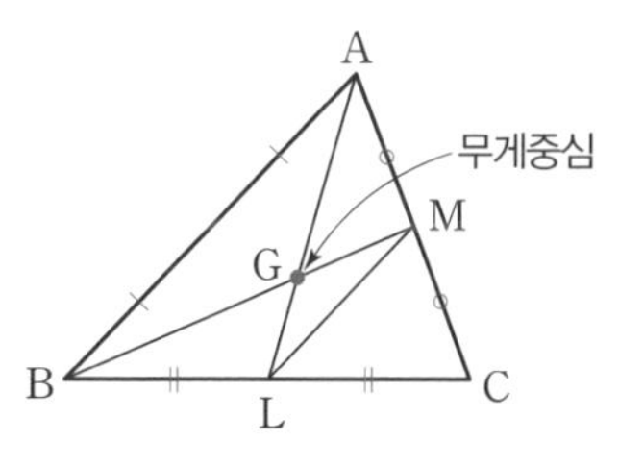

그림과 같이 △ABC의 두 중선 $\overline{AL}$, $\overline{BM}$의 교점을 G라고 해요.

점 L, M은 각각 변 $\overline{BC}$, $\overline{AC}$의 중점이므로 $\overline{ML} /\!/ \overline{AB}$, $\overline{ML}=\frac{1}{2}\overline{AB}$입니다.

따라서 $\triangle GAB \backsim \triangle GLM$이고, 두 삼각형의 닮음비는 2 : 1이에요. 즉 $\overline{AG} : \overline{GL} = \overline{BG} : \overline{GM} = 2 : 1$입니다. 다시 말해서 점 G는 중선 $\overline{AL}$, $\overline{BM}$을 꼭짓점으로부터 각각 2 : 1로 나누어요.

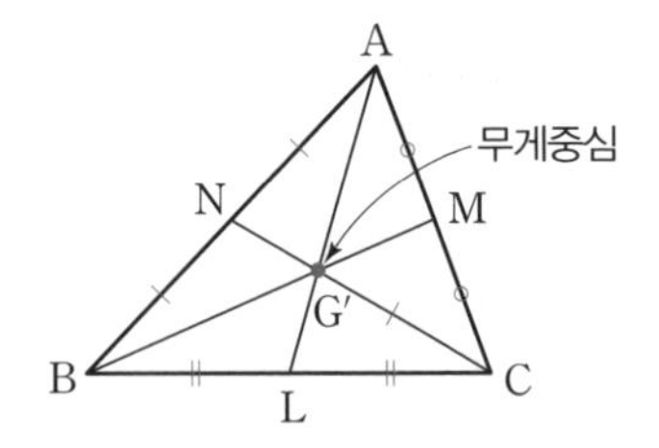

또 $\triangle ABC$의 두 중선 $\overline{AL}$, $\overline{CN}$의 교점을 G'라 하면, 앞의 방법과 마찬가지로 점 G'도 중선 $\overline{AL}$, $\overline{CN}$을 꼭짓점으로부터 각각 2 : 1로 나누게 되지요.

그러므로 G와 G'는 일치하는 점입니다. 즉 $\triangle ABC$에서 세 중선은 한 점에서 만나고, 이 점은 세 중선의 길이를 꼭짓점으로부터 각각 2 : 1로 나눕니다.

약속

1. 삼각형의 세 중선의 교점을 그 삼각형의 무게중심이라고 한다.
2. 삼각형의 무게중심

   삼각형의 세 중선은 한 점에서 만나고, 이 점은 세 중선의 길이를 꼭짓점으로부터 각각 2 : 1로 나눈다.

개념다지기 문제 **오른쪽 그림에서 점 G가 $\triangle ABC$의 무게중심일 때, x, y의 값을 구하여 봅시다.**

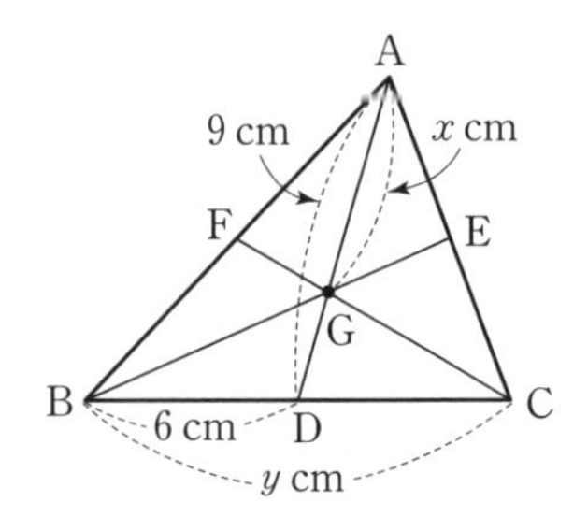

풀이 삼각형의 무게중심은 세 중선의 길이를 꼭짓점으로부터 각각 2 : 1로 나누므로 $\overline{AG}:\overline{GD}=2:1$이고, 점 D는 $\overline{BC}$의 중점입니다.

$$x=\overline{AG}=\frac{2}{3}\times\overline{AD}=\frac{2}{3}\times 9\text{cm}=6\text{cm}$$

$$y=\overline{BC}=2\times\overline{BD}=2\times 6\text{cm}=12\text{cm}$$

6. 닮은 도형의 넓이와 부피

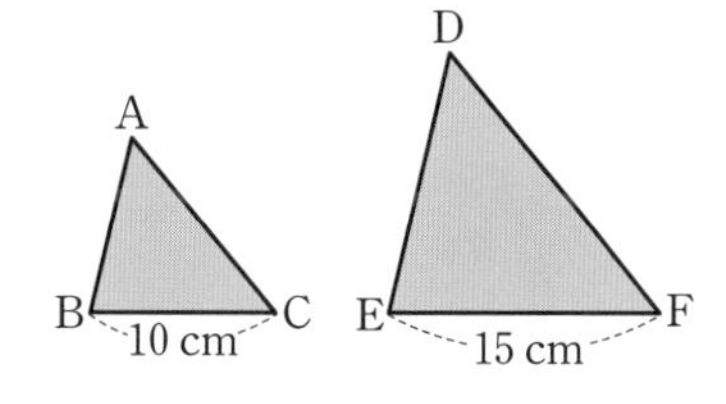

두 삼각형이 위와 같이 닮은 도형일 때 작은 삼각형의 넓이를 안다면 큰 삼각형의 넓이를 구할 수 있어요. 탈레스가 비례를 이용하여 피라미드의 높이를 측정한 건 이미 배웠지요? 닮음비를 알면 도형의 넓이와 더 나아가서 부피까지도 구할 수 있답니다.

위의 두 삼각형을 보면 길이의 비가 10 : 15예요. 약분하면 2 : 3이고 작은 삼각형의 넓이가 16cm^2일 때 큰 삼각형의 넓이를 구해 봐요.

두 삼각형의 넓이의 비는 길이 비의 제곱과 같아요. 따라서 $2^2:3^2=4:9$가 되므로 $\triangle ABC:\triangle DEF=16:\triangle DEF=4:9$

$\therefore\ \triangle DEF=36\text{cm}^2$가 된답니다.

약속

닮은 도형의 넓이 비

닮은 도형의 넓이 비는 닮음비의 제곱과 같다.

즉 닮음비가 $m:n$이면 넓이의 비는 $m^2:n^2$

한 변의 길이가 1cm인 정사각형과 5cm인 정사각형의 넓이의 비는 얼마일까요? 또 한 변의 길이가 1cm인 정육면체와 5cm인 정육면체의 부피의 비는 얼마일까요?

앞에서 배운 내용을 적용하면 닮음비는 1:5이므로 정사각형의 넓이의 비는 $1^2:5^2=1:25$가 돼요. 또한 이와 마찬가지로 부피의 비는 닮음비를 각각 세제곱하여 구한답니다. 즉 정육면체의 부피의 비는 $1^3:5^3=1:125$가 되어요.

약속

닮은 도형의 부피 비

닮은 도형의 부피 비는 닮음비의 세제곱과 같다.

즉 닮음비가 $m:n$이면 부피의 비는 $m^3:n^3$

7. 수학을 신(神)으로 생각한 피타고라스

고대 그리스의 기하학에서는 작도를 할 때 눈금이 없는 자와 컴퍼스만을 사용하도록 정했어요. 왜냐하면 그 조건만으로도 유리수 모두를 나타낼 수 있기 때문이었지요. 즉 주어진 길이를 단위 1로 삼으면 직선상에 컴퍼스와 자로 얼마든지 유리수를 작도할 수 있었어요. 반대로 직선을 어떤 유리수로도 분할할 수 있었지요. 그러므로 그리스인에게 수는 '선분'이었고, 선분은 '수'였어요.

다음은 고대 그리스의 기하학에서 19세기까지 2000년 이상 풀지 못한 문제들이에요. 이 문제들은 수학의 역사에서 큰 반향을 일으켰답니다.

(1) 임의의 각을 삼등분하는 문제

(2) 주어진 정육면체 부피의 2배가 되는 정육면체의 한 변의 길이를 구하는 문제

(3) 원과 똑같은 넓이의 정사각형을 작도하는 문제

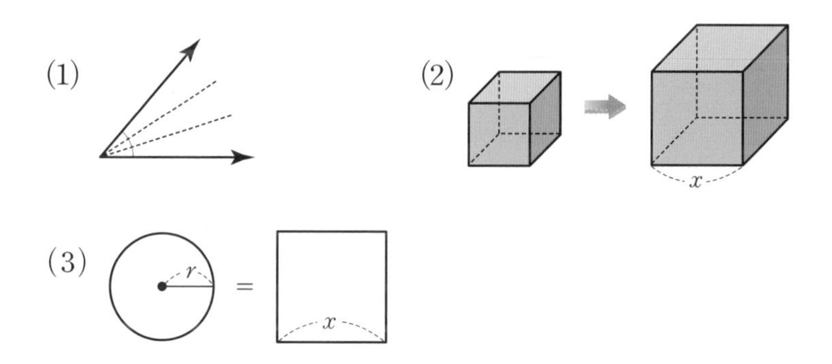

자와 컴퍼스가 아닌 다른 도구를 이용하면 충분히 풀 수 있지

만, 처음에 문제가 제기된 이후 무려 2000년간이나 아무도 풀 수 없었어요. 그러다가 겨우 19세기에 이르러서 '할 수 없음'이라는 사실이 증명되었지요. 그러나 수학자들이 그 문제를 가지고 고민하고 씨름한 덕분에 수학은 크게 발전했어요. 지금도 기하학에서는 고집스럽게 처음의 약속을 지키고 있답니다.

아무리 잘생긴 눈, 코, 입이라 하더라도 얼굴 전체에 어울리지 않으면 그만이에요. 어울림이란 곧 비례를 뜻한다는 것을 꼭 기억하세요! 피타고라스는 수를 유리수라고만 생각했어요. 유리수만이 비로 나타낼 수 있기 때문이었지요.

자연수 n은 $\frac{n}{1}=n:1$이며 분수 $\frac{a}{b}$는 $a:b$의 비로 표현돼요. 피타고라스는 현의 길이가 12, 8, 6일 때 3개의 현들이 진동하면 아름다운 화음이 만들어진다는 사실을 세계 최초로 알아냈어요. 그 이유는 $\frac{8}{12}=\frac{2}{3}$, $\frac{6}{8}=\frac{3}{4}$의 비가 성립하므로 바로 이 비에서 화음이 만들어진다는 것이었지요.

예를 들어, 어떤 현을 퉁겼을 때 '도'가 나왔다고 해 봐요. 이때 현의 길이를 $\frac{1}{2}$로 줄이면 1 옥타브 '높은 도'가 나오고, 현의 길이를 $\frac{2}{3}$로 줄이면 '솔', $\frac{3}{4}$으로 만들면 '파'가 울려서 아름다운 화음이 된답니다. 이런 식으로 음계를 창안한 피타고라스의 음악 이론은 서양 음악의 기본이 되었어요.

옛날 옛적 피타고라스가 살던 시대에는 한 명의 사람이 수학을 가르치면서 음악도 가르치고 천문학도 가르치는 경우가 많았어요. 피타고라스 역시 오선지 위에서 춤추는 콩나물들 사이에 조화로운 수의 비가 숨어 있음을 알아내었고, 더 나아가 아름다운 꽃이나 자연의 여러 부분에도 비의 이론을 사용할 수 있다는 걸 발견했지요. 그 결과 피타고라스는 '모든 것은 수'라는 믿음을 가지게 되었고 마침내 "수數는 신神이다."라는 생각을 하게 된 거랍니다.

개념다지기 문제 1 **지수는 길을 걷다가 문득 전봇대의 높이가 궁금했어요. 지수는 다음 그림과 같이 자기의 그림자와 전봇대 그림자의 길이를 줄자로 측정했어요. 측정값이 다음과 같을 때 전봇대의 높이를 구하여 봅시다.**

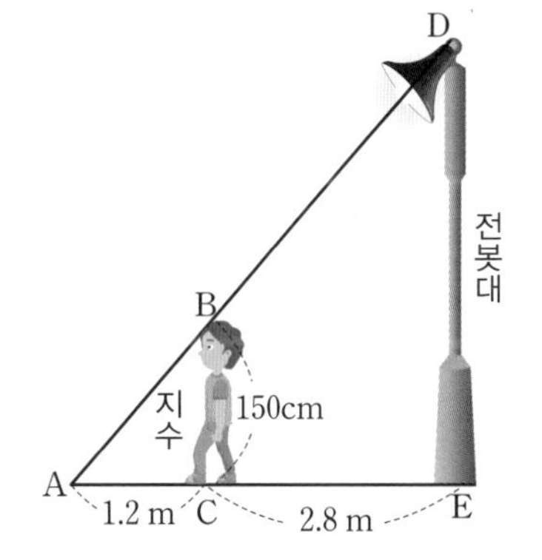

풀이 $\triangle$ABC와 $\triangle$ADE에서 $\angle$A는 공통, $\angle ACB = \angle AED = 90^\circ$이므로 $\triangle ABC \backsim \triangle ADE$예요.(AA 닮음)

따라서 $\overline{AC} : \overline{AE} = \overline{BC} : \overline{DE}$

$1.2 : (1.2 + 2.8) = 1.5 : \overline{DE}$

$$\overline{DE}=\frac{4\times1.5}{1.2}=\frac{6}{1.2}=5$$

따라서 전봇대의 높이는 5m가 됩니다.

개념다지기 문제 2 **그림과 같이 $\angle A=90°$인 직각삼각형 ABC의 꼭짓점 A에서 빗변 $\overline{BC}$에 내린 수선의 발을 D라고 할 때, $\triangle ABC \backsim \triangle DAC$임을 증명하여 봅시다.**

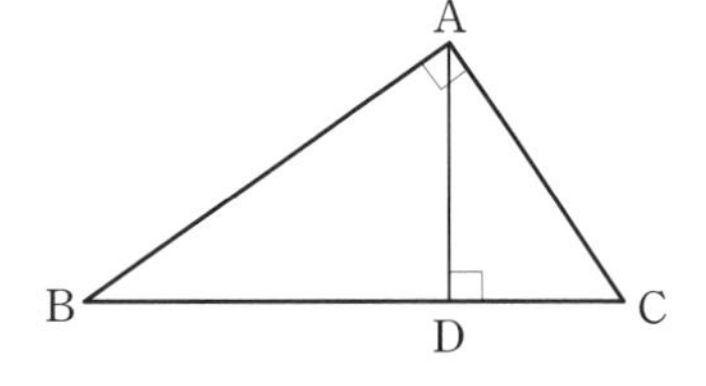

풀이 $\triangle ABC$와 $\triangle DAC$에서

$\angle BAC=\angle ADC=90°$ ……①

$\angle C$는 공통 ……②

①, ②에서 두 쌍의 대응각의 크기가 각각 같으므로 AA 닮음입니다.

개념다지기 문제 3 **다음 표는 삼각형의 합동 조건과 닮음 조건을 비교한 것입니다. 빈 칸에 알맞은 단어는 무엇일까요?**

합동 조건	닮음 조건
세 쌍의 대응변의 (1) 가 각각 같다.	세 쌍의 대응변의 (2) 가 같다.
두 쌍의 대응변의 길이가 각각 같고, 그 끼인 각의 크기가 같다.	두 쌍의 대응변의 길이의 비가 같고, 그 끼인 각의 크기가 같다.
한 쌍의 (3) 의 길이가 같고, 그 양 끝 각의 크기가 각각 같다.	두 쌍의 (4) 의 크기가 각각 같다.

풀이 (1) 길이 (2) 길이의 비 (3) 대응변 (4) 대응각

개념다지기 문제 4 **크기가 다른 페트병 A, B가 있어요. A와 B의 닮음비가 3 : 5이고, 페트병 B의 부피는 1500㎤예요.**

(1) 페트병 A의 부피는 얼마일까요?

(2) 페트병 B의 가격이 3000원이라고 할 때, 부피에 따라 음료수 가격을 정한다면 A의 가격은 얼마로 하는 것이 좋은가요?

풀이

(1) 닮은 도형에서 부피의 비는 닮음비의 세제곱이므로

$3^3 : 5^3 = x : 1500$, $27 : 125 = x : 1500$

$x = \frac{27 \times 1500}{125} = 324(\text{cm}^3)$

(2) 음료의 부피에 따라 가격을 정한다면

$27 : 125 = x : 3000$

$x = \frac{27 \times 3000}{125} = 648$(원)

중학생을 위한 스토리텔링 수학 2학년

펴낸날 **초판 1쇄 2015년 1월 26일**
초판 4쇄 2021년 8월 10일

지은이 **계영희**
펴낸이 **심만수**
펴낸곳 **(주)살림출판사**
출판등록 **1989년 11월 1일 제9-210호**

주소 **경기도 파주시 광인사길 30**
전화 **031-955-1350** 팩스 **031-624-1356**
홈페이지 **http://www.sallimbooks.com**
이메일 **book@sallimbooks.com**

ISBN 978-89-522-3022-5 44410
978-89-522-2951-9(세트) 44410

살림Friends는 (주)살림출판사의 청소년 브랜드입니다.

※ 값은 뒤표지에 있습니다.
※ 잘못 만들어진 책은 구입하신 서점에서 바꾸어 드립니다.